装配式建筑建造技能培训系列教材（共四册）

装配式建筑建造 基础知识

北京城市建设研究发展促进会 组织编写

王宝申 主 编

中国建筑工业出版社

图书在版编目（CIP）数据

装配式建筑建造　基础知识/北京城市建设研究发展
促进会组织编写；王宝申主编. —北京：中国建筑工
业出版社，2017.12
装配式建筑建造技能培训系列教材
ISBN 978-7-112-21596-6

Ⅰ．①装…　Ⅱ．①北…②王…　Ⅲ．①建筑工程-
装配式构件-技术培训-教材　Ⅳ．①TU7

中国版本图书馆 CIP 数据核字（2017）第 295096 号

责任编辑：张幼平　费海玲
责任校对：李欣慰

装配式建筑建造技能培训系列教材（共四册）

装配式建筑建造　基础知识

北京城市建设研究发展促进会　组织编写

王宝申　主　　编

*

中国建筑工业出版社出版、发行（北京海淀三里河路 9 号）

各地新华书店、建筑书店经销

霸州市顺浩图文科技发展有限公司制版

北京鹏润伟业印刷有限公司印刷

*

开本：787×1092 毫米　1/16　印张：4½　字数：89 千字

2018 年 1 月第一版　2018 年 1 月第一次印刷

定价：**19.00** 元

ISBN 978-7-112-21596-6

（31259）

造就中国建筑业大国工匠

推动中国建筑业精益制造

《装配式建筑建造技能培训系列教材》编委会

编 委 会 主 任：王宝申

编委会副主任：胡美行　姜　华　杨健康　高　杰

编委会成员：赵秋萍　肖冬梅　冯晓科　黄　群　胡延红
　　　　　　　雷　蕾　刘若南

《装配式建筑建造　基础知识》分册编写人员

执行主编：胡延红　刘若南

编写成员：（排名不分先后）

　　　　　张海波　陈　杭　王　然　苑立彬　刘　涛　杨　瑞
　　　　　田　东　刘　伟　史绍彰　王　羽

序

　　建筑产业化近年来已经成为行业热点，从发达国家走过的历程看，预制建筑与传统施工相比具有建筑质量好、施工速度快、材料用量省、环境污染小的特点，符合我国建筑业的发展方向，越来越受到国家和行业主管部门的重视。

　　由于装配式建筑"看起来简单、做起来很难"，从国外的经验看，支撑装配式建筑发展的首要因素是"人"，装配式建筑需要专业化的技术人才。国务院《关于大力发展装配式建筑的指导意见》指出：力争用 10 年左右的时间，使装配式建筑占新建建筑面积的比例达到 30％。强化队伍建设，大力培养装配式建筑设计、生产、施工、管理等专业人才。我国每年城市新建住宅的建设面积约 15 亿平方米，对装配式专业化技术人才的需求十分巨大。

　　北京城市建设研究发展促进会以贯彻落实"创新、协调、绿色、开放、共享"五大发展新理念为指导，以推动建设行业深化改革、创新发展为己任，顺应产业化变革大势，以行业协会的优势，邀请国内装配式建筑建造方面的资深专家学者共同参与调研，实地考察，科学分析，认真探讨装配式建筑建造施工过程中的每一个细节。经过不懈的努力和奋斗，建立了一套科学的装配式建筑建造理论体系，并制定了一套装配式建筑创新型人才培养机制，组织各级专家编写汇集了《装配式建筑建造技能培训系列教材》。

　　本教材分为四册，汇集了各位领导、各位同事多年业务经验的积累，结合实践经验，用通俗易懂的语言详细阐述了装配式建筑建造过程中各项专业知识和方法，对现场预制生产作业工人和施工安装操作工人进行了理论结合实际的完整的工序教育。其中很多知识都是通过经验数据得出的行业标准，对于装配式建筑建造有着极高的参考价值，值得大家学习和研究。

　　各企业和培训机构能借助系列教材加大装配式技术人才的培养力度，提升从业人员技能水平，改变我国装配式专业化技术人才缺失的局面，助力建筑业转型升级，服务城市建设。

　　当然，装配式建筑建造尚处于初级阶段，本教材内容随着产业化的不断升级还需继续完善，在此诚恳参阅的各位领导和同事予以指正、批评，多和我们进行交流，共同为建筑业、为城市建设贡献自己的微薄之力。

感谢参与本书编写的各位编委在极其繁忙的日常工作中抽出宝贵时间撰写书稿。感谢共同参与调研的各位专家学者对本书的大力支持。感谢北京住总集团等会员企业为本书编写提供了大量的人力资源、数据资料和经验分享。

北京城市建设研究发展促进会

2017 年 12 月 5 日

目　　录

第一章　预制混凝土构件概念

一、预制构件简介

1. 预制混凝土构件基本概念

预制混凝土构件是指在工厂中通过标准化、机械化方式加工生产的混凝土部件，其主要组成材料为混凝土、钢筋、预埋件、保温材料等。由于构件在工厂内机械化加工生产，构件质量及精度可控，且受环境制约较小。采用预制构件建造，具备节能减排、减噪降尘、减员增效、缩短工期等诸多优势。

2. 预制混凝土构件的主要类型

目前，预制混凝土构件可按结构形式分为水平构件和竖向构件，其中水平构件包括预制叠合板、预制空调板、预制阳台板、预制楼梯板、预制梁等；竖向构件包括预制楼梯隔墙板、预制内墙板、预制外墙板（预制外墙飘窗）、预制女儿墙、预制 PCF 板、预制柱等。

预制构件可按照成型时混凝土浇筑次数分为一次浇筑成型混凝土构件和二次浇筑成型混凝土构件，其中一次浇筑成型混凝土构件包括预制叠合板、预制阳台板、预制空调板、预制内墙板、预制楼梯、预制梁、预制柱等；二次浇筑成型混凝土构件包括预制外墙板（保温装饰一体化外墙板）、预制女儿墙、预制 PCF 板等。

（1）预制叠合板：建筑物中，预制和现浇混凝土相结合的一种楼板结构形式（图 1-1）。预制叠合楼板（厚度一般 5～8cm）与上部现浇混凝土层（厚度 6～9cm）

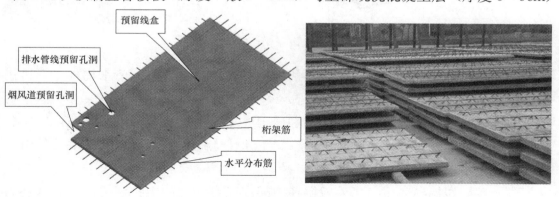

图 1-1　叠合板

结合成一个整体，共同工作。叠合板采用环形生产线一次浇筑成型，表面机械拉毛。进蒸养窑养护，循环流水作业。模板一边采用螺栓固定，其他边可采用磁盒固定。出筋部位需涂刷超缓凝剂，拆模后高压水冲洗成粗糙面。

（2）预制空调板：建筑物外立面悬挑出来放置空调室外机的平台。预制空调板通过预留负弯矩筋伸入主体结构后浇层，浇筑成整体（图1-2）。

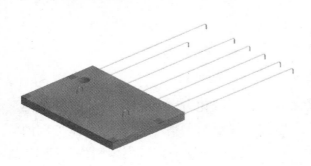

图1-2 空调板

（3）预制阳台板：突出建筑物外立面悬挑的构件。按照构件形式分为叠合板式阳台、全预制板式阳台、全预制梁式阳台，按照建筑做法分为封闭式阳台和开敞式阳台。预制阳台板通过预留埋件焊接及钢筋锚入主体结构后浇筑层进行有效连接（图1-3）。

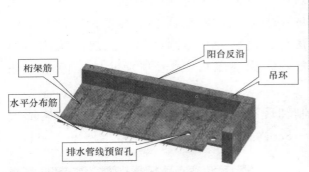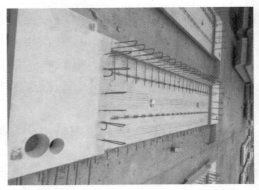

图1-3 阳台板

（4）预制楼梯板：楼梯间使用的预制混凝土构件，一般为清水构件，不再进行二次装修，代替了传统现浇结构楼梯，一般由梯段板、两端支撑段及休息平台段组成。一般按形式可分为双跑楼梯和剪刀式单跑楼梯。楼梯采用立式生产，分层下料振捣，附着式震动器配合振捣棒。工业化生产比现浇楼梯质量好，外形精度高，棱角清晰（图1-4）。

（5）预制楼梯隔墙板：指剪刀楼梯中间起隔离作用的围护竖向构件，与剪刀楼梯同时配套进行安装（图1-5）。

图 1-4　预制楼梯

图 1-5　预制楼梯隔墙

（6）预制内墙板：装配整体式建筑中，作为承重内隔墙的预制构件，上下层预制内墙板的钢筋也是采用套筒灌浆连接的。内墙板之间水平钢筋采用整体式接缝连接。采用环形生产线一次浇筑成型，预埋件安装可采用磁性底座，但应避免振捣时产生位移。预养护后，表面人工抹光。蒸养拆模后翻板机辅助起吊（图 1-6）。

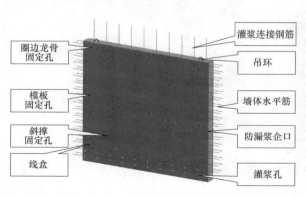

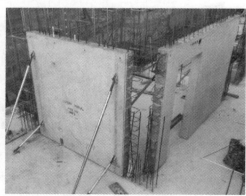

图 1-6　预制内墙

(7) 预制外墙板（预制外墙飘窗）：主要指装配整体式建筑结构中，作为承重的外墙板，上下层外墙板主筋采用灌浆套筒连接，相邻预制外墙板之间采用整体接缝式现浇连接。预制外墙板分为外叶装饰层、中间夹芯保温层及内叶承重结构层。此外还有带飘窗的外墙板。预制外墙板采用反打工艺，固定台座法生产，分层浇筑混凝土，采取原地罩苫布蒸养，翻板机辅助起吊。其中，预制混凝土夹心复合保温外墙板先浇外叶墙，铺保温板，再浇内叶墙，两层混凝土墙板通过保温连接件相连，中间夹有轻质高效保温材料，具有承重、围护、保温、隔热、隔声、装饰等功能。内层混凝土是结构层，外层是装饰层，可根据不同的建筑风格做成不同的样式，如清水混凝土、彩色混凝土、面砖饰面、石材饰面等。预制混凝土飘窗采取反打工艺，同反打夹芯复合保温外墙板，飘窗上下板及主墙一同预制。飘窗模板加工需严格按模板图制作，一次浇筑成型（图1-7）。

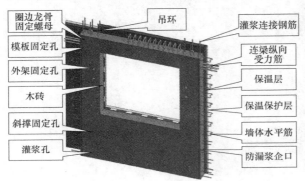

图 1-7　预制外墙

(8) 预制女儿墙：主要指装配整体式建筑结构中，作为承重的外墙板，上下层外墙板主筋采用灌浆套筒连接，相邻预制女儿板之间采用整体接缝式现浇连接。预制女儿墙板分为外叶装饰层、中间夹芯保温层及内叶承重结构层（图1-8）。

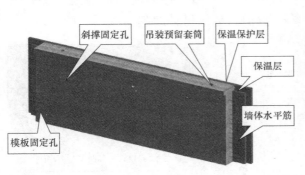
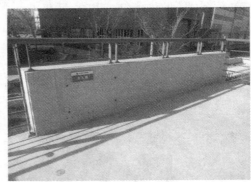

图 1-8　预制女儿墙

(9) 预制PCF板：即预制混凝土剪力墙外墙模，一般由外叶装饰层及中间夹芯保温层组成。在构件安装后，通过预留连接件将内叶结构层与PCF板浇筑连接在一起（图1-9）。

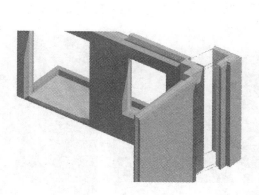

图 1-9　PCF 版

（10）预制梁：梁类构件采用工厂生产，现场安装，预制梁通过外露钢筋、埋件等进行二次浇筑连接（图 1-10）。

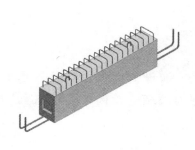

图 1-10　预制框梁

（11）预制柱：柱类构件采用工厂生产，现场安装，上下层预制柱竖向钢筋通过灌浆套筒连接（图 1-11）。

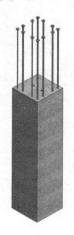

图 1-11　预制框柱

（12）其他预制构件：一般包括外墙装饰挂板等作为围护结构使用的构件，及作为装饰性使用的预制构件。在使用过程中不承受外力进行承重（图1-12）。

图1-12　其他类预制构件

二、装配式建筑体系划分

1. 装配式剪力墙体系

混凝土结构的部分或全部采用承重预制墙板，通过节点部位的连接形成的具有可靠传力机制，并满足承载力和变形要求的剪力墙结构，简称装配式剪力墙结构（图1-13）。

图1-13　装配整体式混凝土剪力墙结构

2. 装配整体式混凝土框架结构

全部或部分框架梁、柱采用预制构件建成的装配整体式混凝土结构，简称装配整体式框架结构（图1-14）。

图 1-14 装配整体式混凝土框架结构

第二章　力学基本知识

一、力的概念

一个物体与另一个物体之间的相互机械作用称为力，这种作用使物体的运动状态和形状发生改变。

力的作用点位置、方向和大小是确定力对物体作用的三要素（图 2-1）。

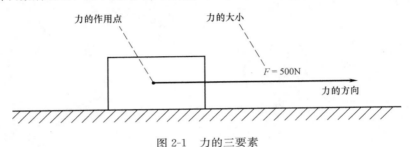

图 2-1　力的三要素

二、力的合成与分解

力的合成是已知分力求合力，而力的分解是已知合力求分力（图 2-2）。力的分解是力的合成的逆运算，遵从平行四边形定则。力的分解方法是以表示合力的线段为对角线作出平行四边形，求其邻边。理论上根据一条对角线可以作出无数个平行四边形，可以求得无数组邻边，即一个力可以分解为无数对大小、方向不同的分力。但我们在分解一个力时，并不是不加限制地随意分解，而是根据力的实际效果和实际需要分解，同一个力在不同条件下产生的效果不同。

把一个力依据其效果分解的基本方法：

（1）先根据力的实际效果确定两个分力的方向；

（2）根据两个分力的方向作出力的平行四边形；

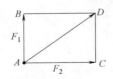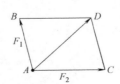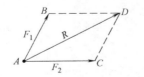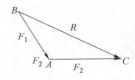

图 2-2　力的合成

（3）解三角形，计算出分力的大小和方向。三角形的边长代表力的大小，夹角表示力的方向。

三、力的平衡

物体在几个力的作用下保持静止或作匀速直线运动，那么该物体处于平衡状态。如果物体在两个力的作用下处于平衡状态，那么这两个力相互平衡，简称二力平衡（图 2-3）。

两个力作用在物体上，如果物体不能保持静止或匀速直线运动状态，则这两个力的作用效果不可相互抵消（合力不为 0），我们就说这两个力不平衡，也叫非平衡力。

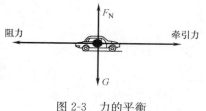

当物体受到同平面内不平行的三力作用而平衡时，三力的作用线必汇交于一点。即物体在互相不平行的三个力作用下处于平衡状态时，这三个力必定共面共点，合力为零。

图 2-3　力的平衡

四、力矩

力矩（Moment of Force）是力对物体产生转动作用的物理量，用 M 表示（图 2-4）。可以分为力对轴的矩和力对点的矩。力矩计算公式如下：

$$M = L \times F$$

凡是使物体产生反时针方向转动效果的，定为正力矩，反之为负力矩，力矩单位是牛顿·米，简称牛·米，符号：N·m。

力对轴的矩是力对物体产生绕某一轴转动作用的物理量，其大小等于力在垂直于该轴的平面上的分量和此分力作用线到该轴垂直距离的乘积；力对点的矩是力对物体产生绕某一点转动作用的物理量，等于力作用点位置矢和力矢的矢量积。

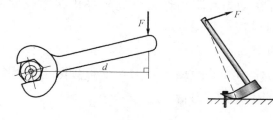

图 2-4　力矩

五、杠杆原理

1. 杠杆：杠杆是指能绕着固定的点转动的硬棒（可直可曲）。杠杆有五个要素，即支点、动力（F_1）、阻力（F_2）、动力臂（L_1）、阻力臂（L_2）。动力是指使杠杆转动的力，阻力是指阻碍杠杆转动的力。动力臂是指从支点到动力作用线的距离，阻力臂是指从支点到阻力作用线的距离。杠杆可分为省力杠杆、费力杠杆和等臂杠杆，没有任何一种杠杆既省距离又省力（图2-5）。

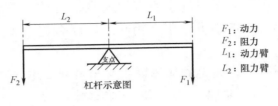

图 2-5　杠杆

（1）省力杠杆

$L_1 > L_2$，$F_1 < F_2$，省力、费距离。

如拔钉子用的羊角锤，铡刀，开瓶器，轧刀，动滑轮，手推车，剪铁皮的剪刀及剪钢筋用的剪刀等。

（2）费力杠杆

$L_1 < L_2$，$F_1 > F_2$，费力、省距离。

如钓鱼竿、镊子、筷子、船桨、裁缝用的剪刀、理发师用的剪刀等。

（3）等臂杠杆

$L_1 = L_2$，$F_1 = F_2$，既不省力也不费力，又不多移动距离，如天平、定滑轮等。

在使用杠杆时，为了省力，就应该用动力臂比阻力臂长的杠杆；如果想要省距离，就应该用动力臂比阻力臂短的杠杆。因此使用杠杆可以省力，也可以省距离。但是，要想省力就必须多移动距离，要想少移动距离就必须多费些力。要想又省力而又少移动距离，是不可能实现的。

杠杆的支点不一定在中间，满足下列三个点的系统，基本上就是杠杆：支点、施力点、受力点。

杠杆平衡是指杠杆在动力和阻力作用下处于静止状态或匀速转动的状态。

2. 杠杆受力的两种情况（图2-6）：

（1）杠杆上只有两个力：

动力×支点到动力作用线的距离＝阻力×支点到阻力作用线的距离

即动力×动力臂＝阻力×阻力臂

即 $F_1 \times L_1 = F_2 \times L_2$

（2）杠杆上有多个力：

所有使杠杆顺时针转动的力的大小及与其对应力臂的乘积等于使杠杆逆时针转动的力的大小和与其对应力臂的乘积。

这也叫作杠杆的顺逆原则，同样适用于只有两个力的情况。

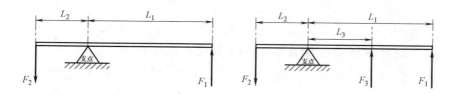

图 2-6　杠杆两种受力

六、重心与吊点

重心，是在重力场中，物体处于任何方位时所有各组成质点的重力的合力都通过的那一点。规则而密度均匀物体的重心就是它的几何中心。

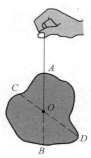

物体的重心位置，质量均匀分布的物体（均匀物体），重心的位置只跟物体的形状有关。有规则形状的物体，它的重心就在几何中心上，例如，均匀细直棒的中心在棒的中点，均匀球体的重心在球心，均匀圆柱的重心在轴线的中点。不规则物体的重心，可以用悬挂法来确定。物体的重心，不一定在物体上（图 2-7）。

质量分布不均匀的物体，重心的位置除跟物体的形状有关外，还跟物体内质量的分布有关。载重汽车的重心随着装货多少和装载位置而变化，起重机的重心随着提升物体的重量和高度而变化。

图 2-7　重心

在起重吊装作业中吊物与被吊物之间连接的部位，称为吊点。

在吊运各种物体时，为避免物体的倾斜、翻倒、变形损坏，应根据物体的形状特点、重心位置，正确选择起吊点，使物体在吊运过程中有足够的稳定性，以免发生事故（图 2-8）。

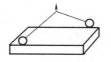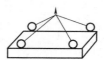

图 2-8　吊点的多种情况

高质量的吊点拥有完整的质量控制措施，可通过光谱分析、磁粉探伤检验、涡流检测、证据负荷测试、动态抗疲劳测试、极限断裂载荷测试等检测。

应用选择：

（1）优先选用强度系数较高的吊点。

（2）吊点需选择在吊装物件的重心上部，保证有可靠的稳定性。

（3）为防止提升、运输中发生翻转、摆动、倾斜，应使吊点与被吊物体重心在同一条铅垂线上。

（4）吊点选择的吊装物件结构应能承受全部载荷。

（5）多机抬吊时，吊点应选择起重机幅度较小的位置。

（6）细长物件的吊点应计算强度，选择多点吊装。

（7）在机械设备安装精度要求较高时，为了保证安全顺利地装配，可采用辅助吊点配合简易吊具调节机件所需位置的吊装法。通常多采用环链手拉葫芦来调节机体的位置。

（8）物体吊装在翻转时一般选用兜翻，将吊点选择在物体重心之下，或将吊点选择在物体重心一侧。

第三章 测量基础知识

一、建筑的轴线投测和楼面放线

1. 轴线投测和楼面放线基本方法

（1）经纬仪投测法

当施工现场比较宽敞时多使用此法。施测时主要是将经纬仪安置在高层建筑物附近进行竖向投测（图 3-1）。投测步骤如下：

1）投测第二层轴线

◆ 置经纬仪于建筑物中心轴线控制桩 A_1、A_1'、B_1、B_1' 上，严格整平仪器。

◆ 照墙体工程弹线定位时，在墙角所标记的轴线点 a_1、a_1'、b_1、b_1' 用盘左、盘右位置将这些点投测到第二层楼面上，取中定出 a_2、a_2'、b_2、b_2' 点。

◆ 依据 $a_2 a_2'$ 和 $b_2 b_2'$ 精确定出两线段的交点 O_2。

◆ 以 $a_2 O_2 a_2'$ 和 $b_2 O_2 b_2'$ 两轴线为准测设此楼面的其他轴线。

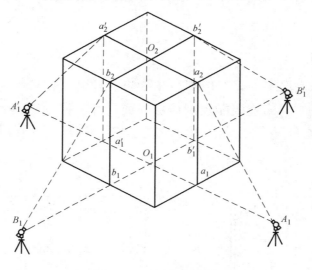

图 3-1 经纬仪投测轴线

2）投测其余各层轴线

方法与投测第二层轴线相同。

3）高楼层轴线投测

原来靠建筑物较近的控制桩，已不能满足投测的需要，需将原轴线延长或引

13

测到附近大楼屋面上，以便于高楼层轴线投测（图 3-2）。投设步骤如下：

◆ 置经纬仪于高楼层（如第八层）楼面轴线 $a_8 O_8 a_8'$ 及 $b_8 O_8 b_8'$ 上，照准地面轴线控制桩 A_1、A_1'、B_1、B_1'，用盘左、盘右两位置将轴线延长到 A_2、A_2'、B_2、B_2' 点。

◆ 置经纬仪于 A_2、A_2'、B_2、B_2' 各点，照准 a_8、a_8'、b_8、b_8' 按投测第二层纵向的方法投测其余各层轴线。

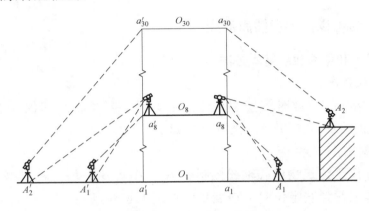

图 3-2　高层楼层轴线投测

（2）激光投测法

使用能测设铅直放线的仪器，如激光铅直仪、激光经纬仪，进行竖向投测。测设步骤如下：

1）准备工作

◆ 设置控制点

控制点设置于底层平面，一般不少于 3 个。控制点位置，应根据建筑物平面形状，要使控制点之间的连线能控制楼层平面尺寸。控制点不宜设在轴线上，应离开轴线 500～800mm（图 3-3），因为轴线上往往有梁，会妨碍竖向传递。

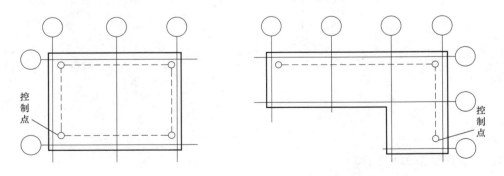

图 3-3　激光投测轴线的控制点布设

◆ 预留孔洞

各楼层在垂直对应控制点位处，预留 200mm×200mm 孔洞，以便激光束能通过各楼层。

2）控制点竖向投测

◆ 置仪器于控制点上，接收靶置于应投测楼层的预留孔处。接通电源，使激光器启辉，在接收靶上映出红色光点。

◆ 调整焦距使光点直径达到最小，然后水平旋转仪器 360°。如果光点在靶上的轨迹为圆则应调整仪器，使光点在靶上的轨迹为一点则满足要求。

◆ 调整接收靶使靶环心对准激光光点。然后将靶固定在楼板上，作为该楼层定位放线的基准点。

◆ 同法投测各控制点于楼层上，得到各基准点。

◆ 检测调整楼层上各基准点间距和基准线间夹角，若不能满足精度要求，则进行调整纠正。

（3）垂球投测法

1）准备工作

准备工作与激光投测法同。

2）控制点竖向投测

◆ 用直径 1mm 的钢丝将 15kg 重的垂球悬挂于楼层金属架上。金属架上的挂线点要便于量距和安置经纬仪。

◆ 一人在底层控制点处扶稳垂球，指挥楼上人员移动金属架，使垂球尖对准控制点。楼层上的挂线点即为该楼层定位放线的基准点。

◆ 同法投测其余控制点。

◆ 在楼层上检测各基准点的距离和基准线夹角，并进行调整纠正，直到满足精度要求。

2. 一般建筑物轴线控制方法

地下结构施工平面控制通常采用外控法。进场并办理控制点移交手续后，首先对场区内平面控制点进行复核。核对精度满足要求后，依据施工图及控制点进行施工主要轴线的测设，并将控制轴线向外偏移 300～500mm，在其延长线上距槽边一定距离处设立轴线控制桩（轴线控制桩位置不宜离建筑物太近，以防基坑位移造成控制桩位置偏差），作为土方开挖及地下室施工阶段平面放线的依据。

土方开挖前依据场区平面轴线控制桩和基础开挖平面图，测放出基槽开挖上口线及下口线，并用白石灰撒出。当基槽开挖到接近槽底设计标高时，用经纬仪分别投测出基槽边线和集水坑上下口边线线，并定出控制桩指导开挖。

垫层、底板施工完后，根据基坑边上的轴线控制桩，将经纬仪架设在控制桩位上，经对中、整平后，视同一方向桩（轴线标志）将所需的轴线投测到施工的平面层上，在同一楼层上投测的纵、横轴线均不得少于 2 条，以此作角度、距离的校核。精度满足要求后，方可在该平面上放出其他相应的设计轴线及细部线，并弹墨线标明，作为支模板的依据。在各楼层的轴线投测过程中，上下层的轴线竖向垂直偏移不得超过±2mm。

在施工过程中，施工平面测量工作完成后进入竖向施工，在施工中，墙柱浇筑成形、拆除模板后，应在墙柱侧立面投测出相应的轴线以供下道工序使用。

当施工进度到达±0.000m时，应暂停其他工序的施工，以给施工测量人员创造一个好的环境进行±0.000m的校核工作。利用地面上主控轴线借线的控制桩点检查主控轴线的相关尺寸及细部尺寸的精度是否满足要求，避免将±0.000m以下的误差带入±0.000m以上的结构中。待平面校核工作完成之后，及时在首层地面上埋设内控点。

±0.00m以上的轴线传递，多采用激光铅直仪内控接力传递法进行轴线投测。

首先要布置内控点，内控点要求在以后施工中，既不影响流水施工作业，又兼顾整体平面测量布局。首层地面埋设预埋件，其他各层施工浇筑混凝土顶板时，在垂直对应控制点位置留置200mm×200mm方洞，以便轴线向上投测。

每层楼板浇筑后，在预留洞位置固定靶位，将激光铅垂仪安置在已做好的控制点上，对中整平后，使仪器发射光束，穿过楼板预留洞而直射到激光接收靶上；接收人员在接收靶上标出点位，激光铅垂仪操作人员转动仪器，分别转至90°、180°、270°，上面操作接收靶人员见光后记录点位并绘出十字交叉线，交叉点即为测设点。用同样方法将其余各点投测在同一施工层上。控制点投测后将经纬仪分别置于各点上，检查各点间夹角，然后用检定过的50m钢尺校测每相邻两点间水平距离是否与相对应的控制点间距离相等，分析边、角是否匹配。若匹配，证明投测无误，若不匹配证明投测有误，应重新投测，直至正确。控制点投测正确后，用经纬仪根据控制点施测出各轴线及借线，并弹墨线于楼板面上，以后各层轴线投测方法均相同。

注意事项：平时预留孔洞应用盖板封堵，防止坠物伤人。激光铅直仪支放后，在其上方设挡板，防止坠物损害仪器，挡板在使用时方可撤除。结构封顶后，预留洞加筋与边口剔出钢筋焊接后浇灌混凝土封堵。

二、建筑标高抄测

1. 标高抄测基本知识

（1）用一般方法测设已知高程的点

已知水准点 A 的高程为 H_A，待测设点 B 的设计高程为 H_B（图 3-4）。用水准测量的方法将设计高程测设到 B 点的桩上。

◆ 在 A、B 两点间安置水准仪，使前、后视距大约相等。

◆ 后视 A 点水准尺，读数为 a。

计算视线高 $\qquad H_i = H_A + a$

◆ 计算 B 点水准尺尺底高程为 H_B 时，该尺的读数 $b_{应}$ 应：

因为 $\qquad H_B = H_i - b_{应}$

所以 $\qquad b_{应} = H_i - H_B = (H_A + a) - H_B$

◆ 前视 B 点水准尺，观测者指挥扶尺手上、下移动水准尺，当横丝读数为 $b_{应}$ 时，沿尺底面在木桩侧面上画线，此线即为 B 点设计高程 H_B 的位置。

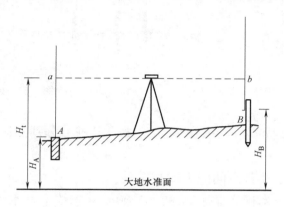

图 3-4 一般方法测设 B 点高程

（2）用传递的方法测设已知高程的点

1）适用条件 若测设的高程点和水准点之间的高差很大时，可采用此法。

2）测设步骤 已知水准点 A 的高程为 H_A，设计基坑内水平桩高程为 H_B（图 3-5）。

◆ 由于 A、B 两点高差很大，用悬挂钢卷尺来代替水准尺。钢卷尺零点在下。

◆ 坑上安置水准仪，后视 A 点，读数为 a_1；前视钢卷尺，读数为 b_1。

◆ 计算视线高。视线高：$H_{i_1} = H_A + a_1$

◆ 计算钢卷尺零点高程 零点高程为：

$$H_0 = H_{i_1} - b_1 = (H_A + a_1) - b_1$$

◆ 坑底安置水准仪，后视钢卷尺，读数为 a_2。

◆ 计算 B 点水准尺尺底高程为 H_B 时，该尺的读数 $b_{应}$

视线高： $\qquad H_{i_2} = H + a_2$

因为 $\qquad H_B = H_{i_2} - b_{应}$

所以 $\qquad b_{应} = H_{i_2} - H_B = (H_0 + a_2) - H_B$

◆ 前视 B 点水准尺 观测者指挥扶持手上、下移动水准尺。当横丝读数为 $b_{应}$ 时，沿尺底面水平钉入一木桩，木桩与尺底面相接面的高程为 H_B。

（3）抄平

同时测设若干一高程的点，称为抄平（3-6）。

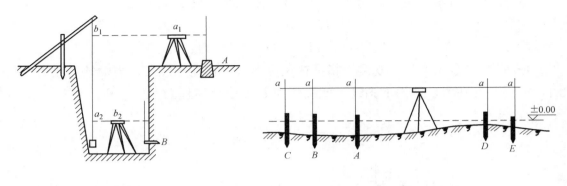

图 3-5 传递法测设 B 点高程　　　　　图 3-6 抄平

A 点为±0.00m 标高点，欲在 B、C、D、E 桩上分别测设出±0.00m 标高线。抄平步骤如下：

◆ 安置水准仪于离各点间距大致相等处。

◆ 将水准尺底或木杆底立于 A 桩±0.00m 标志线上，水准仪后视该水准尺读数为 a 或观察者指挥扶杆员用一铅笔在木杆上上、下移动，当铅笔尖与横丝重合时，在木杆上画一横线，即为视线高。

◆ 水准仪前视 B 点，观测者指挥 B 点扶尺员上、下移动水准尺。当水准尺上 a 刻划与横丝重合时，沿尺底面在木桩上画一横线为±0.00m 标高。或观测者指挥扶杆员上、下移动木杆，当木杆上划线与横丝重合时，沿杆底面在桩上画一横线为±0.00m 标高。

如上法在 C、D、E 桩上画出±0.00m 标高线，抄平完成。

2. 一般建筑物高程控制

首先根据已有高程点建立高程控制网，作为建筑物、构筑物高程测设依据。

在向基坑内引测标高时，先要检测高程控制网点，以判断场区内水准点是否被碰动，经联测确认无误后，方可向基坑内引测所需的标高。

土方施工时，用钢尺作为传递标高的工具。操作示意图如 3-7。

在现浇混凝土结构中，墙、柱钢筋绑扎完成后，应在竖向主筋上测设标高，并用油漆标注，作为支模与浇灌混凝土高度的依据。墙柱浇筑成形拆除模板后，应在墙柱侧立面投测出相应建筑 1m 线（建筑 1m 线相对于每层设计标高而定）以供下道工序使用。

标高的竖向传递，应用钢尺从首层起始标高线垂直量取，首层墙体施工完毕，以水准点为基准，用水准仪在外墙弹出一道＋1000mm 水平线，作为标高传递的基准线。当传递高度超过尺长时，应另设一道起始线，每栋应由三处分别向上传递。

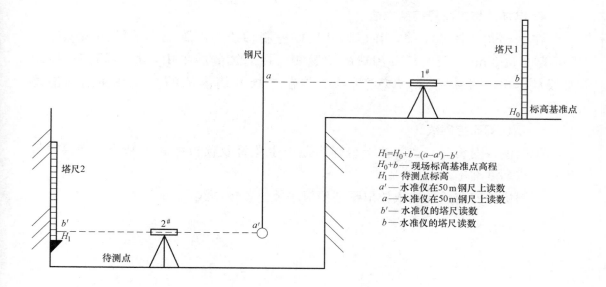

图 3-7　高程竖向传递

施工层抄平之前，应先检测三个传递标高点，当较差小于 3mm 时，以其平均点作为本层标高起测点。

在施工至首层时，对高程控制线进行一次校核，校核采用现场内布设的高程控制点为基准。

三、二次放线

1. 墙、柱控制线测设

为了保证墙、柱、暗柱的位置正确以及后续装饰施工的及时插入，放线时首先根据轴线放测出墙、柱位置，弹出墙、柱边线，然后放测出墙、柱 30cm 的控制线，用以检查钢筋位置、控制墙、柱模板位置。预制墙体安装时，该线为预制墙体位置控制线。

2. 门窗洞口控制线测设

墙体位置线测设过程中一并将门窗洞口边线位置测设，以控制门窗洞口左右位置。门窗洞口两侧钢筋上应分别抄出 +1.0m 线或 +0.5m 线，以控制门窗洞口的标高。

3. 楼梯控制线测设

现浇楼梯每跑给出楼梯梯板斜线、每步踏步位置立线及休息平台位置线。测量人员认真核对图纸，计算相关细部尺寸，根据细部尺寸测设楼梯线。

预制楼梯安装前在休息平台及墙体上分别放出控制梯段板安装标高位置、内外控制及左右位置的控制线。

4. 电梯井施工测量控制方法

在电梯井墙体施工前，在电梯井底以控制轴线为准弹测出井筒四角位置线（距墙皮 300mm）及电梯井门口的位置线。在后续的施工中，每层都根据控制轴线放出电梯井中心线，以便于检查控制电梯井筒内侧的垂直度和结构偏差情况。

5. 顶板标高控制线

顶板模板安装前，在墙体上口弹出顶板主龙骨及顶板板底控制线，确保顶板模板安装高度准确。

预制构件安装前在墙顶放出预制顶板安装位置控制线。

第四章 构件加工图的识读

一、建筑制图标准

建筑制图采用《房屋建筑制图统一标准》GB/T 50001—2010、《建筑制图标准》GB/T 50104—2010 等标准。

预制构件加工图是用来指导预制构件生产加工的详细图纸，包括预制构件统计表、配筋图、模板图、预留预埋大样图、加设保温板构件的保温板铺设图、连接件布置图及具备面层装饰的构件的面层装饰设计图等。

1. 预制构件统计表

预制构件统计表是用来表示该项目所使用预制构件种类、数量、型号、规格尺寸及对应楼号、楼层、轴线位置的信息，预制构件统计表如图 4-1 所示。

序号	图纸名称	长度	构件名称	总数量	构件图	配筋图	砼标号	备注	单块面积	总面积	单块体积	总体积
8		3875	1#-39.18.1	39	GB-01	GB-02P			14.34	559.16	1.31	51.09
9		3875	1A#-39.18.1a	29	GB-02				14.34	415.79	1.31	37.99
10		3875	1#F-39.18.1F	36	GB-03	GB-04P			14.34	516.15	1.31	47.16
11		3875	1A#F-39.18.1aF	31	GB-04				14.34	444.46	1.31	40.61
12		3525	2#-35.18.1	5	GB-05	GB-06P			13.04	65.21	1.19	5.95
13		3525	2A#-35.18.1a	5	GB-06				13.04	65.21	1.19	5.95
14		3525	2#F-35.18.1bF	5	GB-07	GB-08P			13.04	65.21	1.19	5.95
15		3525	2A#F-35.18.1cF	5	GB-09				13.04	65.21	1.19	5.95
16		3175	3#-32.14.1	10	GB-09	GB-11P			11.75	117.48	0.96	9.60
17		3175	3A#-32.14.1a	5	GB-10				11.75	58.74	0.96	4.80
18		3175	3B#-32.14.1aF	5	GB-11				11.75	58.74	0.96	4.80
19		2575	4#-26.18.1	5	GB-12	GB-12P			9.53	47.64	1.08	5.40
20		2225	5#-22.18.1	5	GB-13	GB-14P			8.23	41.16	1.18	5.90
21	外墙挂板模板图、配筋图	2225	5A#-22.18.1F	5	GB-14				8.23	41.16	1.18	5.90
22		1875	6#-19.14.1	20	GB-15	GB-15P	C40		6.94	138.75	0.73	14.60
23		1575	7#-16.14.1	20		GB-16P			5.83	116.55	0.67	13.40
24		1575	7A#-16.14.1a	5	GB-16				5.83	29.14	0.67	3.35
25		1575	7B#-16.14.1aF	5					5.83	29.14	0.67	3.35
26		1575	7D#-16.14.2a	5	GB-17	GB-17P			5.83	29.14	0.67	3.35
27		1575	7C#-16.14.2aF	5					5.83	29.14	0.67	3.35
28		1275	8A#-13.18.1	10		GB-18P			4.72	47.18	0.68	6.80
29		1275	8#-13.18.1a	10	GB-18				4.72	47.18	0.68	6.80
30		1275	8B#-13.18.1F	5					4.72	23.59	0.68	3.40
31		6375	9#-64.14.1	4	GB-19	GB-19		不做	23.59	94.35	0.76	3.04
32		6375	9A#-64.14.2	1	GB-20	GB-20		不做	23.59	23.59	0.67	0.67
33		1875	10#-19.18.1	5	GB-21	GB-21P			6.94	34.69	0.87	4.35
34		2777.5	GZB1	5	GB-22	GB-22P			10.28	51.38	1.54	7.70
35		2777.5	GZB1F	5	GB-23	GB-23P			10.28	51.38	1.54	7.70
36		2077.5	GZB2	5	GB-24	GB-24P			7.69	38.43	1.34	6.70
37		2077.5	GZB2F	5	GB-25	GB-25P			7.69	38.43	1.34	6.70
外墙挂板总数305									311.02	3383.37	30.50	332.31

北京住总顺义住宅产业化基地项目（一期）6#办公研发楼

图 4-1 预制构件统计表

2. 预制构件配筋图

预制构件配筋图包括立面图、断面图和钢筋详图（钢筋数量、型号、尺寸、总重量、备注、预制构件、套筒型号数量等），它们着重表示构件内部的钢筋配置、形状、数量和规格，是构件详图的主要图样。

（1）钢筋的一般表示法

通常用单根的粗实线表示钢筋的立面，用黑圆点表示钢筋的横断面。

（2）钢筋的标注方法

钢筋（或钢丝束）的说明应给出钢筋的数量、代号、直径、间距、编号及所在位置，其说明应沿钢筋的长度标注或标注在有关钢筋的引出线上（一般如注出数量，可不注间距；如注出间距，就可不注数量。简单的构件，钢筋可不编号）。

（3）配筋图识读

确认钢筋规格型号、数量、间距、弯钩尺寸、加强筋、出筋长度。特别注意主筋和负筋的位置关系，不可颠倒。

3. 预制构件模板图

预制构件模板图，用来指导预制构件生产过程中模板的安装，包含构件外形构造尺寸、体积、重量、吊装埋件、支撑埋件、电器预埋及水暖预留孔洞等信息；同时表格里会列出构件名称、加工数量、体积、重量、混凝土强度、保护层厚度（图 4-2）。

4. 预留预埋大样图

预埋件大样图需与构件图结合起来识图，各种埋件的名称需与对应构件图里的埋件一致，不可张冠李戴。需确认钢筋、钢板、钢材的种类、规格型号、几何尺寸，预留孔位置和焊缝高度，锚固钢筋的位置、数量、规格以及锚固长度等（图 4-3）。

5. 保温板铺设图

保温板铺设图用来指导工人切割保温板，确认其长宽厚等几何尺寸，预留洞提前加工（图 4-4）。

6. 连接件布置图

保温连接件布置图，用来指导工人安装保温连接件，参照图纸上的连接件位置尺寸，提前用专用工具打孔。特别注意要根据保温连接件的规格型号，来选择钻孔大小（图 4-5）。

7. 面层装饰设计图

面层装饰设计图中，常见的面层装饰是瓷砖。确认瓷砖的颜色、长宽厚几何尺寸、砖缝宽度等。特别注意板边缘部位和洞口部位瓷砖的尺寸不规则，需单独加工（图 4-6）。

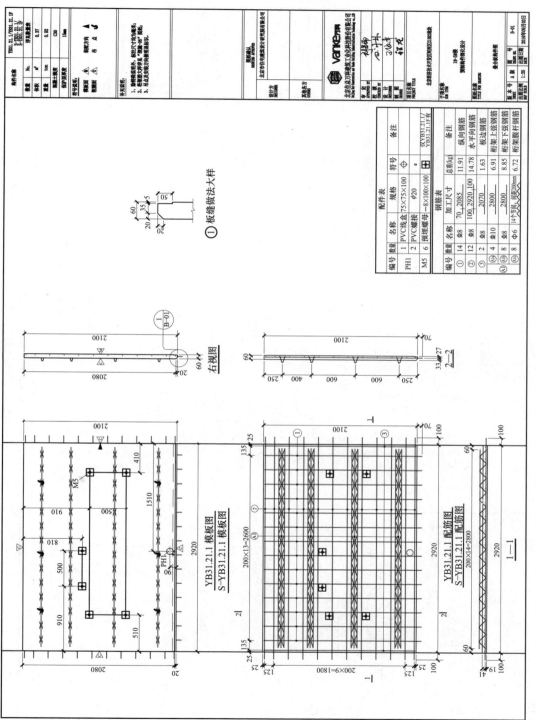

图 4-2 预制构件配筋图和模板图

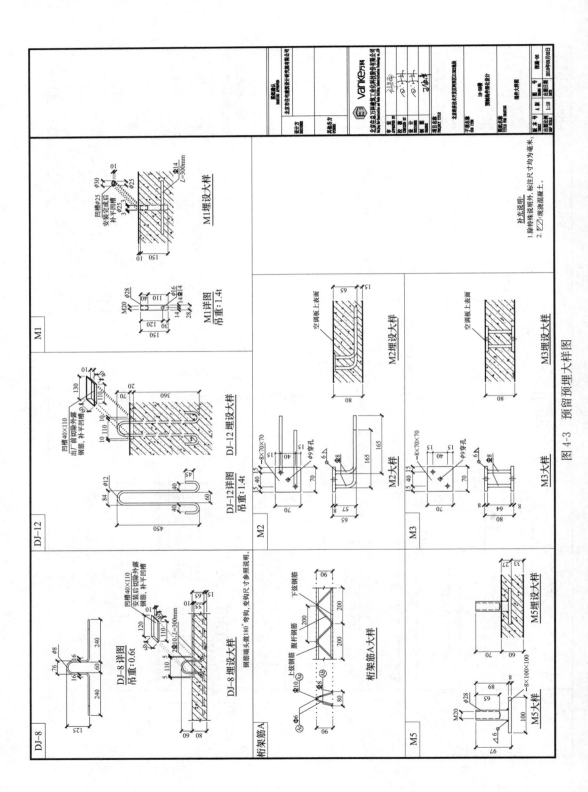

图 4-3　预留预埋大样图

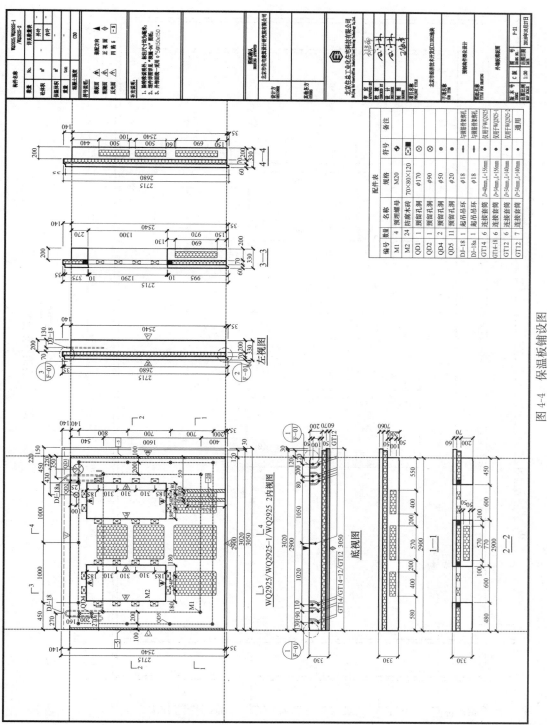

图 4-4 保温板铺设图

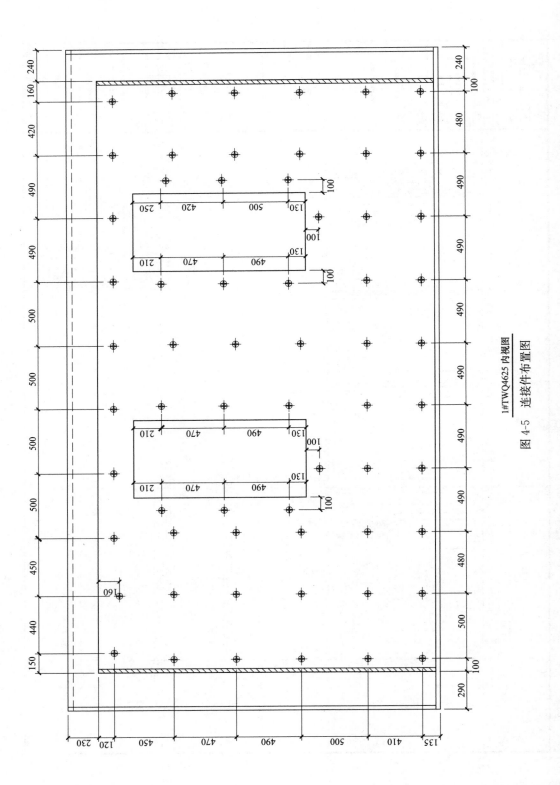

1#TWQ4625 内视图

图 4-5　连接件布置图

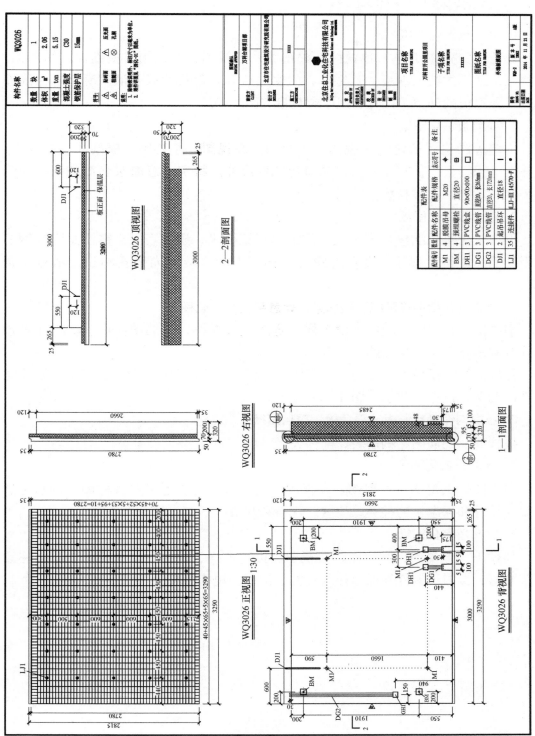

图 4-6　面层装饰设计图

二、各类预制构件加工图内容

1. 外墙板深化图纸

外墙板深化图纸包括顶视图、正视图、底视图、左视图、横剖面、纵剖面、大样图。通过图纸识别板的长宽厚、门窗洞口等几何尺寸以及灌浆套筒、保温连接件、保温板的种类、位置、规格和数量（图 4-7）。

2. 内墙板深化图纸

内墙板深化图纸包括顶视图、正视图、底视图、左视图、横剖面、纵剖面、大样图。识别板的长宽厚、门窗洞口等几何尺寸。特别注意灌浆套筒和线盒线管的种类、位置、规格和数量（图 4-8）。

3. 叠合板深化图纸

叠合板深化图纸包括模板图、配筋图、钢筋表、配件表等。需注意附加钢筋和桁架筋的规格、型号，线盒的螺接方向，板的安装方向箭头标识，吊点位置（图 4-9）。

4. 楼梯（包括楼梯隔板、楼梯梁、休息平台）深化图纸

俯视图、正视图、埋件埋设大样、防滑条大样图、配筋图。识图时需注意预留孔洞和吊点部位的加强筋。

楼梯隔板：模板图（正面、背面图）、配筋图、钢筋表、配件表等。特别注意埋件的凹深、位置、数量（图 4-10）。

5. 悬挑构件（空调板、阳台板）深化图纸

模板图、配筋图、钢筋表、配件表等（图 4-11）。

6. PCF 板深化图纸

顶视图、正视图、底视图、左视图、板边大样、板上下口大样图。特别注意保温连接件和保温板的种类、位置、规格和数量。

7. 女儿墙深化图纸

顶视图、正视图、底视图、左视图、板边大样、板上下口大样图。特别注意灌浆套筒、保温连接件和保温板的种类、位置、规格和数量（图 4-12）。

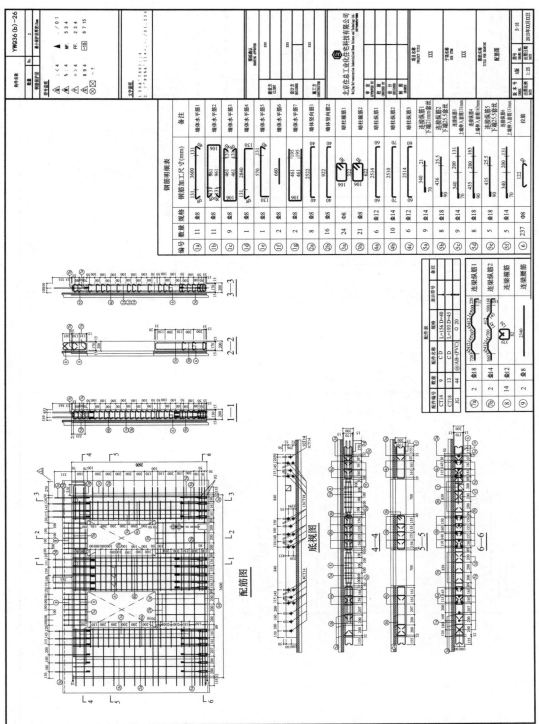

图 4-7　外墙板深化图纸

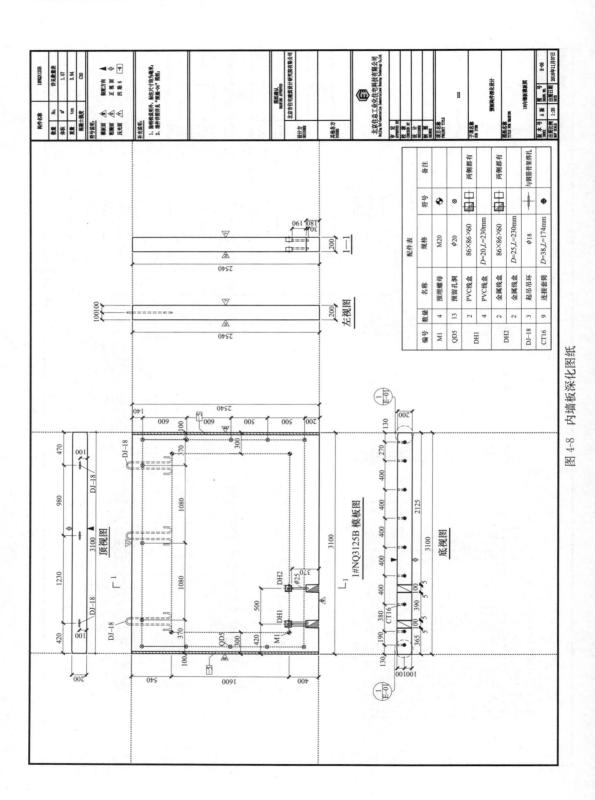

图 4-8　内墙板深化图纸

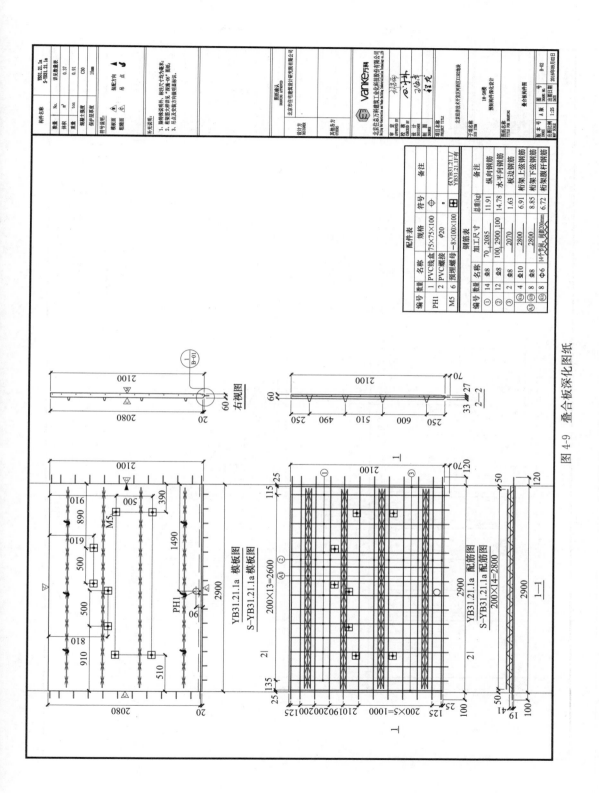

图 4-9　叠合板深化图纸

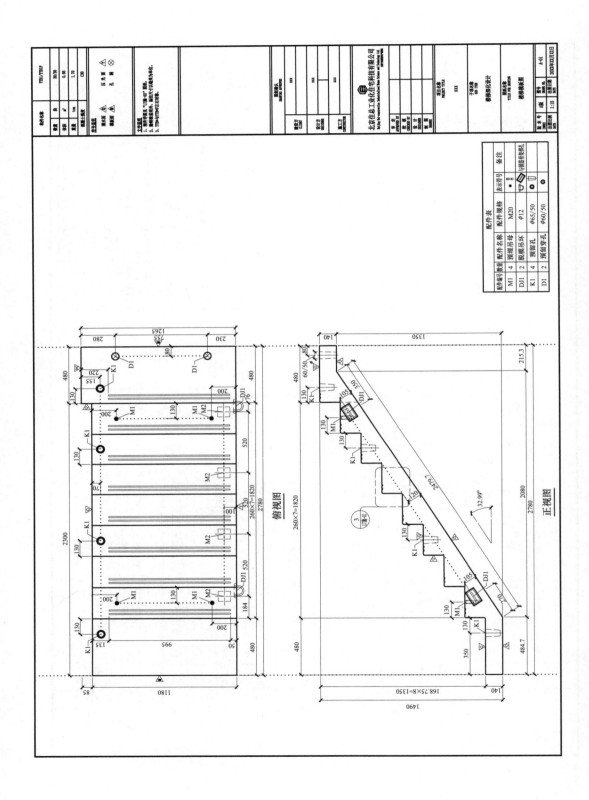

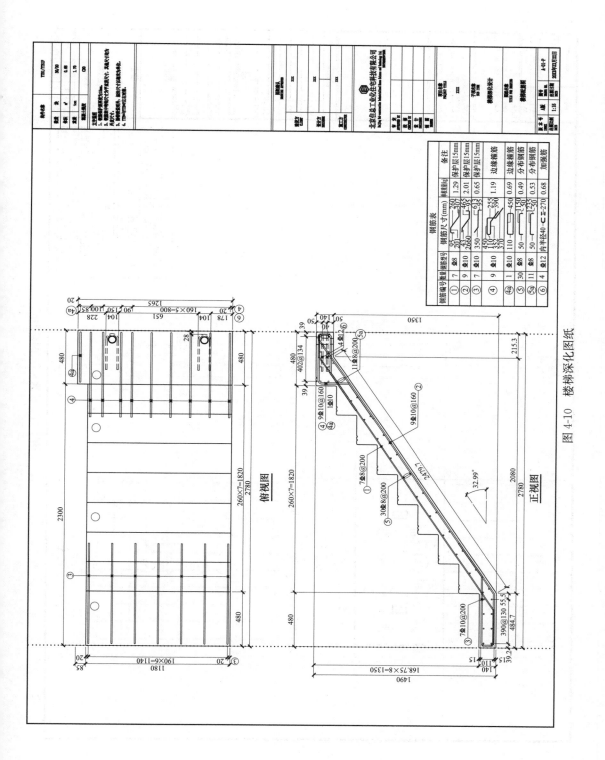

图 4-10　楼梯深化图纸

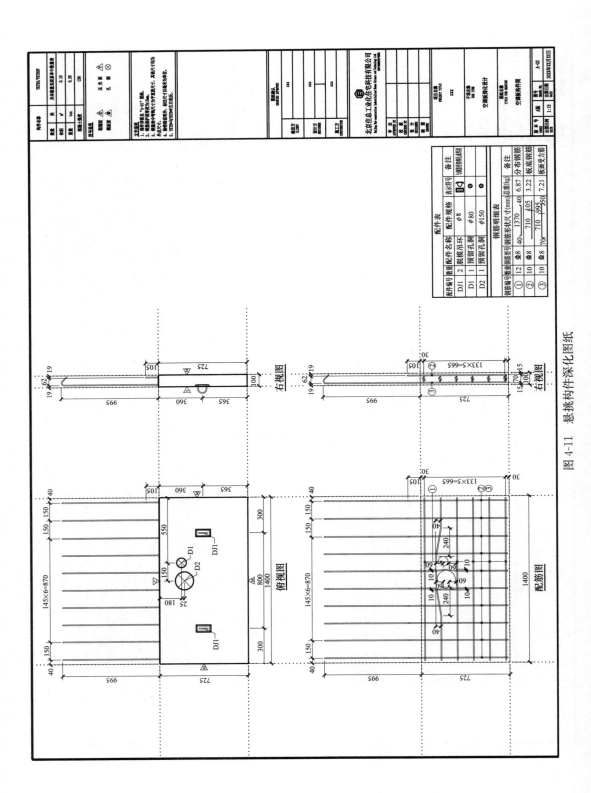

图 4-11　悬挑构件深化图纸

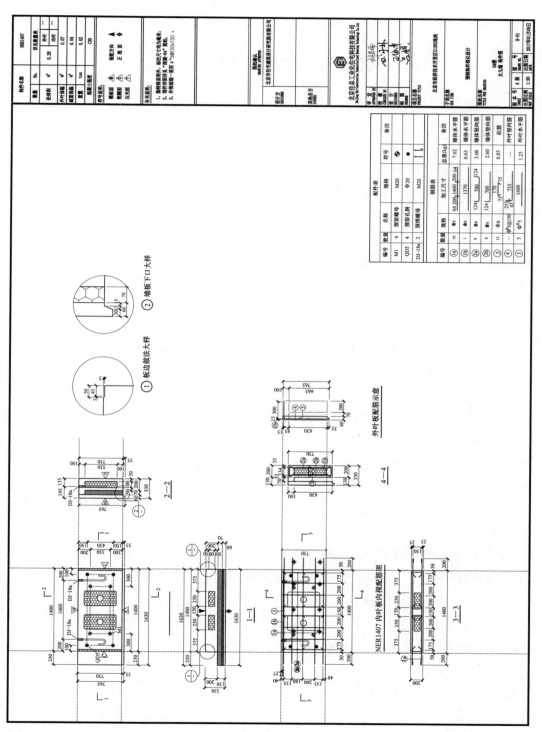

图 4-12　女儿墙深化图纸

第五章 常用材料

一、钢筋

1. 钢筋种类及相关符号

（1）HPB300——（一级钢）热轧光圆钢筋强度级别 300MPa

HPB 是热轧光圆钢筋的英文（Hotrolled Plain Bars）缩写。300 表示屈服强度为 300MPa。

（2）HRB335——（二级钢）热轧带肋钢筋强度级别 335MPa

HRB 是热轧带肋钢筋的英文（Hotrolled Ribbed Bars）缩写。335 表示屈服强度为 335MPa。

（3）HRBF335——（二级钢）细晶粒热轧带肋钢筋强度级别 335MPa

HRBF 是热轧带肋钢筋的英文缩写后面加"细"的英文（Fine）首位字母。335 表示屈服强度为 335MPa。

（4）HRB400——（三级钢）热轧带肋钢筋强度级别 400MPa

（5）HRBF400——（三级钢）细晶粒热轧带肋钢筋强度级别 400MPa

（6）RRB400——（三级钢）余热处理带肋钢筋强度级别 400MPa

RRB 是余热处理带肋钢筋（Remained Heat Treatment Ribbed Steel Bars）缩写。

（7）HRB400E——（三级钢）有较高抗震性能的普通热轧带肋钢筋强度级别 400MPa

（8）HRB500——（四级钢）普通热轧带肋钢筋强度级别 500MPa

（9）HRBF500——（四级钢）细粒热轧带肋钢筋强度级别 500MPa

H、P、R、B、F、E 分别为热轧（Hotrolled）、光圆（Plain）、带肋（Ribbed）、钢筋（Bars）、细粒（Fine）、地震（Earthquake）5 个词的英文首位字母。后面的数代表屈服强度为×××MPa。

2. 钢筋标注方法

钢筋混凝土构件图示方法中钢筋的标注一般采用引出线的方法，具体有以下两种标注方法：

（1）标注钢筋的根数、直径和等级，例如 3ϕ20，其中

3：表示钢筋的根数；

ϕ：表示钢筋等级直径符号；

20：表示钢筋直径。

（2）标注钢筋的等级、直径和相邻钢筋中心距，例如 $\phi 8@200$，其中：

ϕ：表示钢筋等级直径符号；

8：表示钢筋直径；

@：相等中心距符号；

200：相邻钢筋的中心距（$\leqslant 200mm$）。

面层混凝土面板内应配置构造钢筋面网，钢筋网可采用直径 $5\sim 6mm$ 的冷轧带肋钢筋焊接网，网孔尺寸宜为 $100\sim 150mm$。冷轧带肋钢筋网片加工可用电阻点焊成型。

3. 钢筋分类及作用

配置在钢筋混凝土结构中的钢筋，按其作用可分为下列几种：

（1）受力筋：承受拉、压应力的钢筋。用于梁、板、柱等各种钢筋混凝土构件。梁、板的受力筋还分为直筋和弯筋两种。

（2）钢箍（箍筋）：承受一部分斜拉应力，并固定受力筋的位置，多用于梁和柱内。

（3）架立筋：用以固定梁内钢箍位置，构成梁内的钢筋骨架。

（4）分布筋：用于屋面板、楼板内，与板的受力筋垂直布置，将承重的重量均匀地传给受力筋，并固定受力筋的位置，以及抵抗热胀冷缩所引起的温度变形。

（5）其他：因构件构造要求或施工安装需要而配制的构造筋，如腰筋、预埋锚固筋、吊环等。

为了保护钢筋、防腐蚀、防火以及加强钢筋与混凝土的粘结力，在构件中的钢筋外面要留有保护层。根据钢筋混凝土结构设计规范规定，梁、柱的保护层最小厚度为 $25mm$，板和墙的保护层厚度为 $10\sim 15mm$。

如果受力筋用光圆钢筋，则两端要弯钩，以加强钢筋与混凝土的粘结力，避免钢筋在受拉时滑动。带纹钢筋与混凝土的粘结力强，两端不必弯钩。钢筋端部的弯钩常用两种形式：带有平直部分的半圆弯钩、直弯钩。

4. 冷轧带肋钢筋

冷轧带肋钢筋牌号由 CRB（Cold-rolled Ribbed Bars）和钢筋的抗拉强度最小值构成。冷轧带肋钢筋分为 CRB550、CRB650、CRB800、CRB970 和 CRB1170 五个牌号。CRB550 为普通钢筋混凝土用钢筋，其他牌号为预应力混凝土钢筋。

（1）性能及应用

冷轧带肋钢筋力学性能如下：屈服强度 $500MPa$，抗拉强度 $550MPa$，伸长率（标距 5 倍直径）为 12%。

冷轧带肋钢筋是用热轧盘条经多道冷轧减径，一道压肋并经消除内应力后形成的一种带有两面或三面月牙形的钢筋。冷轧带肋钢筋在预应力混凝土构件中，是冷拔低碳钢丝的更新换代产品；在现浇混凝土结构中，则可代换Ⅰ级钢筋，以节约钢材，是同类冷加工钢材中较好的一种。可应用在楼板、基础底板的受力筋与分布筋，剪力墙的分布筋，梁柱的箍筋等中。

（2）性能及应用

① 钢材强度高，可节约建筑钢材和降低工程造价。CRB550级冷轧带肋钢筋与热轧光圆钢筋相比，可节约35％～40％的钢材。如考虑不用弯钩，钢材节约量还要多一些。根据目前钢材市场价格，每使用一吨冷轧带肋钢筋，可节约钢材费用800元左右。

② 冷轧带肋钢筋与混凝土之间的粘结锚固性能良好。因此用于构件中，从根本上杜绝了构件锚固区开裂、钢丝滑移而破坏的现象，且提高了构件端部的承载能力和抗裂能力；在钢筋混凝土结构中，裂缝宽度也比光圆钢筋，甚至比热轧螺纹钢筋还小。

③ 冷轧带肋钢筋伸长率较同类的冷加工钢材大。

二、混凝土

1. 混凝土的分类

（1）按胶凝材料

① 无机胶凝材料混凝土：包括石灰硅质胶凝材料混凝土（如硅酸盐混凝土）、硅酸盐水泥系混凝土（如硅酸盐水泥、普通水泥、矿渣水泥、粉煤灰水泥、火山灰质水泥、早强水泥混凝土等）、钙铝水泥系混凝土（如高铝水泥、纯铝酸盐水泥、喷射水泥、超速硬水泥混凝土等）、石膏混凝土、镁质水泥混凝土、硫磺混凝土、水玻璃氟硅酸钠混凝土、金属混凝土（用金属代替水泥作胶结材料）等。

② 有机胶凝材料混凝土：主要有沥青混凝土和聚合物水泥混凝土、树脂混凝土、聚合物浸渍混凝土等。此外，无机与有机复合的胶体材料混凝土，还可以分为聚合物水泥混凝土和聚合物辑靛混凝土。

（2）按表观密度

混凝土按照表观密度的大小可分为重混凝土、普通混凝土、轻质混凝土。这三种混凝土不同之处就是骨料的不同。

重混凝土表观密度大于2500kg/m³，用特别密实和特别重的集料制成。如重晶石混凝土、钢屑混凝土等，它们具有不透X射线和γ射线的性能；常由重晶石和铁矿石配制而成。

普通混凝土即我们在建筑中常用的混凝土，表观密度为1950～2500kg/m³，以砂、石子为主要集料配制而成，是土木工程中最常用的混凝土品种。

轻质混凝土是表观密度小于 1950kg/m³ 的混凝土。它又可以分为三类：

① 轻集料混凝土，其表观密度为 800～1950kg/m³，轻集料包括浮石、火山渣、陶粒、膨胀珍珠岩、膨胀矿渣、矿渣等。

② 多空混凝土（泡沫混凝土、加气混凝土），其表观密度为 300～1000kg/m³。泡沫混凝土是由水泥浆或水泥砂浆与稳定的泡沫制成的。加气混凝土是由水泥、水与发气剂制成的。

③ 大孔混凝土（普通大孔混凝土、轻骨料大孔混凝土），其组成中无细集料。普通大孔混凝土的表观密度范围为 1500～1900kg/m³，是用碎石、软石、重矿渣做集料配制的。轻骨料大孔混凝土的表观密度为 500～1500kg/m³，是用陶粒、浮石、碎砖、矿渣等作为集料配制的。

（3）按使用功能

结构混凝土、保温混凝土、装饰混凝土、防水混凝土、耐火混凝土、水工混凝土、海工混凝土、道路混凝土、防辐射混凝土等。

（4）按施工工艺

离心混凝土、真空混凝土、灌浆混凝土、喷射混凝土、碾压混凝土、挤压混凝土、泵送混凝土等。按配筋方式分有素（即无筋）混凝土、钢筋混凝土、钢丝网水泥、纤维混凝土、预应力混凝土等。

（5）按拌合物

干硬性混凝土、半干硬性混凝土、塑性混凝土、流动性混凝土、高流动性混凝土、流态混凝土等。

（6）按掺和料

粉煤灰混凝土、硅灰混凝土、矿渣混凝土、纤维混凝土等。

另外，混凝土还可按抗压强度分为低强混凝土（抗压强度小于 30MPa）、中强度混凝土（抗压强度 30～60MPa）和高强度混凝土（抗压强度大于等于 60MPa）；按每立方米水泥用量又可分为贫混凝土（水泥用量不超过 170kg）和富混凝土（水泥用量不小于 230kg）等。

2. 制备混凝土原材料

水泥、石灰、石膏等无机胶凝材料与水拌合使混凝土拌合物具有可塑性，进而通过化学和物理化学作用凝结硬化而产生强度。一般说来，饮用水便可满足混凝土拌合用水的要求。水中过量的酸、碱、盐和有机物都会对混凝土产生有害的影响。集料不仅有填充作用，而且对混凝土的容重、强度和变形等性质有重要影响。

为改善混凝土的某些性质，可加入外加剂。由于掺用外加剂有明显的技术经济效果，它日益成为混凝土不可缺少的组分。为改善混凝土拌合物的和易性或硬化后混凝土的性能，节约水泥，在混凝土搅拌时也可掺入磨细的矿物材料——掺合料。它分为活性和非活性两类。掺合料的性质和数量，影响混凝土的强度、变形、水化热、抗渗性和颜色等。

3. 混凝土配合比

制备混凝土时，首先应根据工程对和易性、强度、耐久性等的要求，合理地选择原材料并确定其配合比例，以达到经济适用的目的。混凝土配合比的设计通常按水灰比法则的要求进行。材料用量的计算主要用假定容重法或绝对体积法。

（1）水灰比的确定

高强混凝土水灰比的计算不能采用普通混凝土的强度公式，应根据试验资料进行统计，提出混凝土强度和水灰比的关系式，然后用作图法或计算法求出与混凝土配制强度（fcu.0）相对应的水灰比。当采用多个不同的配合比进行混凝土强度试验时，其中一个应为基准配合比，其他配合比的水灰比，宜较基准配合比分别增加和减少 0.02～0.03。

（2）集料用量

① 每立方碎石用量（GO）高强混凝土每立方米的碎石用量（VS）为 0.9～0.95m^3，则每立方米中碎石质量为：$GO = VS \times$ 碎石松散容重

② 每立方砂用量 $SOSO = [GO/(1 - QS)]QSQS -$ 砂率，应经试验确定，一般控制在 28%～36%范围内。

（3）用水量

计算高强混凝土配合比时，其用水量在普通混凝土用水量的基础上用减水率法加以修正。在不掺外加剂的混凝土用水量中扣除按外加剂减水率计算得出的减水量即为掺减水剂时混凝土的用水量。此时注意一定要通过试验确定外加剂的减水率。

（4）水泥用量

生产高强混凝土时，水泥的用量至关重要，它直接影响到水泥胶砂与骨料的粘结力。为了增加砂浆中胶质结料的比例，水泥含量要比较高，但要注意的是，水泥用量不宜过高，否则会引起水化期间放热速度过快或收缩量过大等问题。高强混凝土水泥用量一般不宜超过 550kg/m^3。

（5）试拌调整

对计算所得的配合比结果要通过试配、试拌来验证。拌制高强混凝土必须使用强制式搅拌机，振捣时要高频加压振捣，保证拌合物的密实。要注意试拌量应不小于拌合机额定量的 1/4，混凝土的搅拌方式及外加剂的掺法，宜与实际生产时使用的方法一致。

（6）配合比的确定

当拌合物实测密度与计算值之差的绝对值不超过计算值 2%时，可不调整。大于 2%时按《普通混凝土配合比设计规程》JGJ 55—2000 规定进行相应的调整。混

凝土配合比确定后，应对配合比进行不少于 6 次的重复试验进行验证，其平均值不应低于配制的强度值，确保其稳定性。

三、保温板

1. XPS 保温板

XPS 保温板是以聚苯乙烯树脂为原料加上其他的原辅料与聚含物，通过加热混合同时注入催化剂，然后挤塑压出成型而制造的硬质泡沫塑料板。它的学名为绝热用挤塑聚苯乙烯泡沫塑料（简称 XPS）。XPS 具有完美的闭孔蜂窝结构，这种结构让 XPS 板有极低的吸水性（几乎不吸水）、低热导系数、高抗压性、抗老化性（正常使用几乎无老化分解现象）。

XPS 的优点：

XPS 板具有致密的表层及闭孔结构内层。其导热系数大大低于同厚度的 EPS，因此具有较 EPS 更好的保温隔热性能。

对同样的建筑物外墙，其使用厚度可小于其他类型的保温材料；由于内层的闭孔结构。因此它具有良好的抗湿性，在潮湿的环境中，仍可保持良好的保温隔热性能；适用于冷库等对保温有特殊要求的建筑，也可用于外墙饰面材料为面砖或石材的建筑。

质地轻、使用方便：XPS 板的完全闭孔式发泡化学结构与其蜂窝状物理结构，使其具有轻质、高强度的特性，便于切割、运输，且不易破损、安装方便。由于挤塑聚苯乙烯与基层墙体的固定方式采用机械固定件，在冬季可照常施工。

稳定性、防腐性好：长时间的使用中，不老化、不分解、不产生有害物质，其化学性能极其稳定，不会因吸水和腐蚀等导致降解而使其性能下降，在高温环境下仍能保持优越的性能。有关资料介绍，XPS 挤塑保温板即使使用 30～40 年，仍能保持优异的性能，且不会发生分解或霉变，没有有毒物质的挥发。

XPS 的缺点：

XPS 板本身的强度较高，从而造成板材较脆，不易弯折，板上存在的应力使应力集中，容易使板材损坏、开裂；透气性差，几乎不透气，如果板两侧的温差较大、湿度高很容易结露；由于板表面光滑，在施工时需要界面处理，并进行拉毛（毛面板不在此列）；XPS 板与抹灰砂浆粘结不牢，容易脱落；外贴瓷砖脱落更严重。

2. 聚氨酯保温板

（1）硬质聚氨酯板导热系数低，热工性能好。当硬质聚氨酯容重为 35～40 kg/m³ 时，导热系数仅为 0.018～0.023W/(m·K)，约相当于 EPS 的一半，是所有保温材料中导热系数最低的一种。

（2）硬质聚氨酯板具有防潮、防水性能。硬质聚氨酯的闭孔率在 90% 以上，属于憎水性材料，不会因吸潮增大导热系数，墙面也不会渗水。

（3）硬质聚氨酯防火，阻燃，耐高温。聚氨酯在添加阻燃剂后，是一种难燃的自熄性材料，其软化点可达到250℃以上，仅在较高温度时才会出现分解。另外，聚氨酯在燃烧时会在其泡沫表面形成灰，这层灰有助于隔离下面的泡沫，有效防止火灾蔓延。而且，聚氨酯在高温下也不产生有害气体。

（4）由于聚氨酯板材具有优良的隔热性能，在同样保温要求下，可减少建筑物外围护结构厚度，从而增加室内使用面积。

（5）抗变形能力强，不易开裂，饰面稳定、安全。

（6）聚氨酯材料孔隙率结构稳定，基本上是闭孔结构，不仅保温性能优良，而且抗冻融、吸声性也好。硬泡聚氨酯保温构造的平均寿命，在正常使用与维修的条件下，能达到30年以上，能够做到在结构的寿命期内正常使用条件下，干燥、潮湿或电化腐蚀，以及由于昆虫、真菌、藻类生长或者由于啮齿动物的破坏等外因，都不会破坏其性能。

（7）综合性价比高。虽然硬质聚氨酯泡沫材料的单价比其他传统保温材料的单价高，但增加的费用将会因供暖和制冷费用的大幅度减少而抵消。

四、拉结件

拉结件用于外墙板的面层、保温层和结构层之间的连接锚固，分为金属和非金属材料两大类，其中非金属连接件采用纤维增强复合塑料，英文为 FRP（Fiber Reinforced Plastics）。FRP 由增强纤维和基体组成，一般是用玻璃纤维增强不饱和聚脂、环氧树脂与酚醛树脂做基体，以玻璃纤维或其制品做增强材料的增强塑料。纤维（或晶须）的直径很小，一般在 $10\mu m$ 以下，缺陷较少又较小，断裂应变约为 30‰以内，是脆性材料，易损伤、断裂和受到腐蚀。基体相对于纤维来说，强度、模量都要低很多，但可以经受住大的应变，往往具有黏弹性和弹塑性，是韧性材料。

目前工程结构中常用的 FRP 主材主要有碳纤维（CFRP）、玻璃纤维（GFRP）与芳纶纤维（AFRP），其材料形式主要有片材（纤维布和板）、棒材（筋材和索材）及型材（格栅型、工字型、蜂窝型等）。

FRP 力学性能和特点如下：

（1）抗拉强度

抗拉强度高。FRP 的抗拉强度均明显高于钢筋，与高强钢丝抗拉强度差不多，一般是钢筋的 2 倍甚至 10 倍。但 FRP 材料在达到抗拉强度前，几乎没有塑性变形产生，受拉时应力、应变呈线弹性上升直至脆断，因此 FRP 复合材料在与混凝土结构共同作用的过程中，往往不是由于 FRP 材料被拉断破坏，而是由于 FRP-混凝土界面强度不足导致混凝土结构界面被剥离破坏，所以，FRP-混凝土界面粘结性能问题是今后工程应用的一个重点和难点。

（2）热膨胀系数

FRP 复合材料热膨胀系数与混凝土相近。当环境温度发生变化时，FRP 与混凝土协调工作，两者间不会产生大的温度应力。

（3）弹性模量

与钢材相比，大部分 FRP 产品弹性模量小，约为普通钢筋的 25%～75%。因此，FRP 结构的设计通常由变形控制。

（4）抗剪强度

FRP 的抗剪强度低，其强度仅为抗拉强度的 5%～20%，这使得 FRP 构件在连接过程中需要研制专门的锚具、夹具。这也使得 FRP 构件的适度成为研究突出的问题。

（5）抗腐蚀、抗疲劳性能

FRP 材料抗腐蚀、抗疲劳性能好，可以在酸、碱、氯盐和潮湿的环境中长期使用，因而可提高结构的使用寿命，这是一般的结构材料难以比拟的。但同时，与一般混凝土相比较，FRP 复合材料的防火性能偏差，这也制约了该类结构产品的推广应用，成为今后要解决的问题之一。

（6）重量

比强度很高，即通常所说的轻质高强。因此采用 FRP 材料可减轻结构自重，施工方便，其重量一般为钢材的 20%。

（7）良好的可设计性

FRP 可根据工程需要采用不同纤维材料、纤维含量和铺陈方式等不同工艺设计出不同强度指标、弹性模量及特殊性能要求的产品，且产品形状可灵活设计。

（8）工厂化生产，现场安装，有利于保证工程质量，提高劳动效率和建筑工业化（图 5-1、图 5-2）。

图 5-1　FRP 保温连接件

图 5-2　生产外墙板安装 FRP 保温连接件

　　GFRP 复合连接件是由耐碱玻璃纤维与环氧树脂组成的复合新材料，既发挥了玻璃纤维高强度及弹性模量的特点（强度高达 800MPa），又保持了非金属材料导热系数较低的特点。GFRP 连接件既能承受拉应力，又可承受弯曲、压缩和剪切应力。该连接件材料绝热、绝缘，抗腐蚀、抗疲劳性能好，可以在酸、碱、氯盐和潮湿的环境中长期使用。特别是具有良好的绝热功能，杜绝了冷热桥，可有效防止冷桥作用。GFRP 复合材料热膨胀系数与混凝土相近，这样当环境温度发生变化时，GFRP 与混凝土协调工作，两者间不会产生大的温度应力。根据所使用的树脂品种的不同，分别有聚酯玻璃钢、环氧玻璃钢、酚醛玻璃钢之称。质轻而硬，不导电，机械强度高，回收利用少，耐腐蚀。

五、钢筋连接用灌浆套筒

　　钢筋连接用灌浆套筒是通过水泥基灌浆料的传力作用将钢筋对接连接所用的

半灌浆套筒

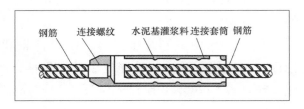

半灌浆接头

全灌浆套筒

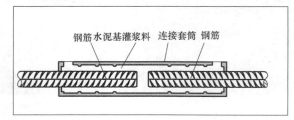

全灌浆接头

金属套筒，主要执行标准为《钢筋连接用灌浆套筒》JG/T 398。灌浆套筒按加工方式分为铸造灌浆套筒和机械加工灌浆套筒；按结构形式分为全灌浆套筒和半灌浆套筒；全灌浆套筒接头两端均采用灌浆方式连接钢筋，半灌浆套筒接头一端采用灌浆方式连接，另一端采用直螺纹方式连接钢筋。

灌浆套筒可采用球墨铸铁、优质碳素结构钢、低合金高强度结构钢、合金结构钢加工制作，相应其性能应符合材料标注相关要求。

灌浆套筒应与灌浆料匹配使用，采用灌浆套筒连接钢筋接头的抗拉强度应符合 JGJ 107 中 I 级接头的规定。

灌浆套筒长度应根据试验确定，且灌浆连接端长度不宜小于 8 倍钢筋直径，灌浆套筒中间轴向定位点两侧应预留钢筋安装调整长度，预制端不应小于 10mm，现场装配端不应小于 20mm。灌浆套筒可应用于直径 12～40mm 的各种直径钢筋。

灌浆套筒的尺寸偏差应符合下表规定。

序号	项目	灌浆套筒尺寸偏差					
		铸造灌浆套筒			机械加工灌浆套筒		
1	钢筋直径/mm	12～20	22～32	36～40	12～20	22～32	36～40
2	外径允许偏差/mm	±0.8	±1.0	±1.5	±0.6	±0.8	±0.8
3	壁厚允许偏差/mm	±0.8	±1.0	±1.2	±0.5	±0.6	±0.8
4	长度允许偏差/mm	±(0.01×L)			±2.0		
5	锚固段环形突起部分的内径允许偏差/mm	±1.5			±1.0		
6	锚固段环形突起部分的内径最小尺寸与钢筋公称直径差值/mm	≥10			≥10		
7	直螺纹精度	—			GB/T 197 中 6H 级		

六、钢筋连接用套筒灌浆料

钢筋连接用套筒灌浆料执行标准为 JG/T 408，是以水泥为基本材料，配以细骨料，以及混凝土外加剂和其他材料组成的干混料，加水搅拌后具有良好的流动性、早强、高强、微膨胀等性能，填充于套筒和带肋钢筋间隙内的干粉料，简称"套筒灌浆料"。

套筒灌浆料应与灌浆套筒匹配使用，钢筋套筒灌浆连接接头应符合 JGJ 107 中 I 级的规定。

套筒灌浆料应按产品设计（说明书）要求的用水量进行配制，拌合用水应符合 JGJ 63 的规定。套筒灌浆料使用温度不宜低于 5℃。

套筒灌浆料的技术性能应符合下表规定。

检测项目		性能指标
流动度/mm	初始	≥300
	30min	≥260
抗压强度/MPa	1d	≥35
	3d	≥60
	28d	≥85
竖向膨胀率/%	3h	≥0.02
	24h与3h差值	0.02～0.5
氯离子含量/%		≤0.03
沁水率/%		0

七、其他材料

1. 柔性泡沫橡塑绝热制品

柔性泡沫橡塑绝热制品执行标准为 GB/T 17794，是以天然或合成橡胶和其他高分子材料的共混体为基材，加各种添加剂如抗老化剂、阻燃剂、稳定剂、硫化促进剂等，经混炼、挤出、发泡和冷却定型，加工而成的具有闭孔结构的柔性绝热制品。按制品燃烧性能分为Ⅰ类和Ⅱ类，按制品形状分为板和管。

柔性泡沫橡塑绝热制品的物理性能指标如下表。

项目		单位	性能指标	
			Ⅰ类	Ⅱ类
表观密度		kg/m³	≤95	
燃烧性能		—	氧指数≥32%且烟密度≤75	氧指数≥26%
			当用于建筑领域时，制品燃烧性能应不低于 GB 8624—2006 C级	
导热系数	−20℃（平均温度）	W/(m·K)	≤0.034	
	0℃（平均温度）		≤0.036	
	40℃（平均温度）		≤0.041	
透湿性能	透湿系数	g/(m·s·Pa)	≤1.3×10⁻¹⁰	
	湿阻因子		≥1.5×10³	
真空吸水率		%	≤10	
尺寸稳定性 105℃±3℃,7d		%	≤10.0	
压缩回弹率 压缩率50%,压缩时间72h		%	≥70	
抗老化性 150h		—	轻微起皱,无裂纹,无针孔,不变形	

2. 硅酮建筑密封胶

硅酮建筑密封胶执行标准为 GB/T 14683，是以聚硅氧烷为主要成分、室温固化的单组分密封胶。按固化机理分为 A 型——脱酸（酸性）、B 型——脱醇（中性）两种类型；按照用途分为 G 类——镶装玻璃用、F 类——建筑接缝用两种类型；按位移能力分为 25、20 两个级别。

硅酮建筑密封胶的理化性能如下表所示。

序号	项　目		技术指标			
			25HM	20HM	25LM	20LM
1	密度/(g/cm³)		规定值±0.1			
2	下垂度/mm	垂直	≤3			
		水平	无变形			
3	表干时间/h		≤3ᵃ			
4	挤出性/(mL/min)		≥80			
5	弹性恢复率/%		≥80			
6	拉伸模量/MPa	23℃	>0.4 或>0.6		≤0.4 和 ≤0.6	
		−20℃				
7	定伸粘结性		无破坏			
8	紫外线辐照后粘结性ᵇ		无破坏			
9	冷却-热压后粘结性		无破坏			
10	浸水后定伸粘结性		无破坏			
11	质量损失率/%		≤10			

ᵃ　允许采用供需双方商定的其他指标值。
ᵇ　此项仅适用于 G 类产品。

第六章　常用生产设备及外加剂

一、混凝土搅拌机组（图 6-1）

图 6-1　混凝土搅拌楼及操作台

混凝土搅拌机是把胶凝材料、骨料、水混合并拌制成混凝土混合料的机械。主要由拌筒、加料和卸料机构、供水系统、原动机、传动机构、机架和支承装置等组成。

混凝土搅拌站是由搅拌主机、物料称量系统、物料输送系统、物料贮存系统、控制系统五大组成系统和其他附属设施组成的建筑材料制造设备，其工作的主要原理是以水泥为胶结材料，将砂石、石灰、煤渣等原料进行混合搅拌，最后制作成混凝土。

混凝土搅拌主机应具有搅拌机能强、搅拌均匀、效率高的特点，对于干硬性、塑性以及各种配比的混凝土均能达到良好的搅拌效果。除优良的搅拌主机外，还应具备各种精良配件，如螺旋输送机、计量传感器、气动元件等，这些部件保证了混凝土搅拌站在运转过程中高度的可靠性、精确的计量技能以及超长的使用寿命。同时，混凝土搅拌站各维修保养部位均设有走台或检梯，且具有足够的操纵空间，搅拌主机可配备高压自动清洗系统，具有缺油和超温自动报警功能，便于设备维修。

混凝土搅拌站拥有良好的环保机能，在机器运转过程中，粉料操纵均在全封闭系统内进行，粉罐采用高效收尘器/雾喷等方法大大降低了粉尘对环境的污染，同时混凝土搅拌站对气动系统排气和卸料设备均采用消声装置，有效降低了噪声污染。

二、钢筋加工设备

钢筋加工机械包括冷拉机、冷拔机、调直切断机、弯曲机、切割机、对焊机等。

1. 冷拉机：钢筋加工机械之一。利用超过屈服点的应力，在一定限度内将钢筋拉伸，从而使钢筋的屈服点提高 20%～25%（图 6-2）。

冷拉机包括卷扬冷拉机和阻力冷拉机。卷扬冷拉机用卷扬机通过滑轮组，将钢筋拉伸，冷拉速度在 5m/min 左右，可拉粗、细钢筋，但占地面积较大。

阻力冷拉机用于直径 8mm 以下盘条钢筋的拉伸。钢筋由卷筒强力牵行通过 4～6 个阻力轮而拉伸，冷拉速度为 40m/min 左右，该机可与钢筋调直切断机组合，直接加工出定长的冷拉钢筋，效率高，布置紧凑。

2. 冷拔机：冷拔机按照床身结构方式，大致可分为三座分离式、框架式两种。按照传动方式，可分为链式、液压传动式、齿条式、丝杠式等（图 6-3）。

图 6-2　冷拉机（图片来源：　　　图 6-3　冷拔机（图片来源：任丘市惠全利
任丘市惠全利冷拉机械　　　　　冷拉机械有限公司网络图片）
有限公司网络图片）

3. 调直切断机：用于调直和切断直径 14mm 以下的钢筋，并进行除锈。由调直筒、牵行机构、切断机构、钢筋定长架、机架和驱动装置等组成（图 6-4）。

4. 弯曲机：弯曲机由支承销轴、中心销轴、压弯销轴、圆盘组成工作台面（图 6-5），

图 6-4　调直切断机　　　　　　图 6-5　弯曲机

其中支承销轴固定在机床上，中心销轴和压弯销轴装在工作圆盘上，圆盘回转时便将钢筋弯曲。钢筋弯曲机工作盘上有几个孔，可以通过不同孔位插压弯销轴或更换不同直径的中心销轴来弯曲不同直径钢筋。

5. 切割机：切割机种类繁多，包括火焰切割机、等离子切割机、激光切割机、水切割机等。激光切割机效率最快，切割精度最高，切割厚度一般较小。等离子切割机切割速度也很快，切割面有一定的斜度（图6-6）。

数控火焰切割机　　　　　　　　　　数控等离子切割机

激光切割机　　　　　　　　　　水切割机

图 6-6　切割机

6. 对焊机：对焊机也称为电流焊机或电阻碰焊机，利用两工件接触面之间的电阻，瞬间通过低电压大电流，使两个互相对接的金属的接触面瞬间发热至熔化并熔合。

三、模板加工设备

一般模板的加工设备包括剪板机、折弯机、冲床、数控火焰切割机、砂轮机、电焊机、叉车、铣边机、吊车等。

1. 剪板机：剪板机是用一个刀片相对另一刀片作往复直线运动剪切板材的机器。在运动的上刀片和固定的下刀片之间，留出合理的刀片间隙，对各种厚度的金属板材施加剪切力，使板材按所需要的尺寸断裂分离（图6-8）。

图 6-7　对焊机

2. 折弯机：折弯机是一种能够对薄板进行折弯的机器，其结构主要包括支架、工作台和夹紧板。工作台置于支架上，由底座和压板构成；底座通过铰链与夹紧板相连。底座由座壳、线圈和盖板组成，线圈置于座壳的凹陷内，凹陷顶部覆有盖板。使用时由导线对线圈通电，通电后对压板产生引力，从而实现对压板和底座之间薄板的夹持。由于采用了电磁力夹持，压板可以满足多种工件要求，而且可对有侧壁的工件进行加工，操作上也十分简便（图6-9）。

图 6-8 剪板机

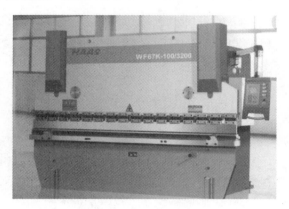

图 6-9 折弯机

3. 冲床：冲床就是一台冲压式压力机。冲压生产主要是针对板材的，通过模具，能做出落料、冲孔、成型、拉深、修整、精冲、整形、铆接及挤压件等，广泛应用于各个领域（图6-10）。

4. 数控火焰切割机：就是用数字程序驱动机床运动，搭载火焰切割系统，使用数控系统来控制火焰切割系统的开关，对钢板等金属材料进行切割。数控火焰切割机可分为三大部分：数控系统、火焰切割系统、驱动系统。数控火焰切割机具有切割大厚度碳钢能力，切割费用较低，但切割变形大，切割精度不高，而且切割速度较低，切割预热时间、穿孔时间长，较难适应全自动化操作的需要。它的应用场合主要限于碳钢、大厚度板材切割，在中、薄碳钢板材切割上逐渐会被等离子切割代替。

5. 砂轮机：砂轮机是用来刃磨各种刀具、工具的常用设备，主要由基座、砂轮、电动机或其他动力源、托架、防护罩和给水器等所组成。

图 6-10 冲床

6. 电焊机：电焊机是利用正负两极在瞬间短路时产生的高温电弧来熔化电焊条上的焊料和被焊材料，使被接触物相结合，其结构十分简单，就是一个大功率的变压器。电焊机一般按输出电源种类分为两种，一种是交流电源，另一种是直流电。利用电感的原理，电感量在接通和断开时会产生巨大的电压变化，利用正负两极在瞬间短路时产生的高压电弧来熔化电焊条上的焊料，以达到原子结合的效果。

7. 叉车：叉车是工业搬运车辆，是指对成件托盘货物进行装卸、堆垛和短距离运输作业的各种轮式搬运车辆。

8. 铣边机：铣边机是采用刀盘高速铣削的工作原理，专门在钢板焊接前为钢板开焊缝坡口的焊接辅助设备，主要分为自动行走式钢板铣边机、大型铣边机、数控钢板铣边机等几种。

四、混凝土浇筑设备

1. 数控布料机：能够按照预设浇筑混凝土方量进行浇筑布料。

2. 数控振捣台：能够以多种模式对混凝土进行振捣，包括摇摆、低频、高频等多种模式。

3. 其他振捣设备：分插入式振动棒、平板振动器、振动梁、高频振动台、振动台、附着式振动器等。

五、养护成型设备

1. 数控立式养护窑：利用电脑全自动控制窑内温度，以达到精确控温、均匀控温目的的设备，同时配有电脑数控码垛车，对出入窑构件进行自主操作。

2. 蒸汽养护罩：主要用于固定台座构件蒸汽养护，利用轨道、滑轮将蒸汽养护罩移动到构件上方覆盖进行密闭养护。

3. 自动温控系统：利用电脑温控系统以及窑内各个测温探头，自动调节控制蒸汽管道进气量和气压大小的设备。

4. 其他蒸汽养护设备：隧道养护窑、测温计等。

六、吊装码放设备

1. 龙门吊车：龙门吊车是安装在固定结构或移动式结构上的转臂起重机，车辆等可以直接从起重机下面的通道中通过。

2. 起吊钢梁：起吊构件的工具，一般为定制加工，用槽钢及钢板进行焊接，并预留吊装孔。一般以构件长度来确定吊梁的长度。

3. 塔吊：塔吊是建筑工地上最常用的一种起重设备，又名"塔式起重机"。施工现场安装时均用塔吊进行构件安装。

4. 其他吊装设备：框架梁、汽车吊、钢丝绳、吊带、卡具、吊钉。

七、常用模具

模具的种类跟多。按材料可分为木模板、钢木模板、胶合模板、钢竹模板、钢模板、塑料模板、铝合金模板等。按结构类型可分为基础模板、柱模板、楼板模板、楼梯模板、墙模板、壳模板和烟囱模板等多种。按其形式的不同可分为整体式模板、定型模板、滑升模板、移动模板、台模等。

按施工方法分类，有现场装拆式模板、固定式模板和移动式模板、永久性模板。

现场装拆式模板是一般现浇钢筋混凝土工程中常用的模板，按照设计要求的结构形状、尺寸及空间位置在现场组装；当所浇筑的混凝土经养护并达到拆模强度后即可拆除模板，再搬运至别处重新安装。现场装拆式模板多用定型模板和工具式支撑。

固定式模板也称胎膜，一般固定于地面。多用于制作预制构件，是按构件的形状、尺寸于现场或预制厂制作，涂刷隔离剂，浇筑混凝土，当混凝土达到规定的强度后，脱模，清理模板，再重新涂刷隔离剂，继续下一批构件。各种胎膜即属于固定式模板。用土及砖做的胎膜，表面应抹一层水泥砂浆，待做完一个构件后即破坏，这种胎膜只能用一次，多在施工现场预制构件时用。混凝土胎膜内配有钢筋，这种胎膜可重复使用，多用于预制构件厂。

移动式模板是在混凝土的浇筑过程中，在较长的结构或较高的结构中沿水平或垂直方向逐渐移动的模板，可节约大量的模板材料。滑升模板是沿垂直方向运动的移动式模板。

永久性模板又称一次性消费模板，是指用钢丝网、水泥或钢筋混凝土制成的模板。待浇筑的混凝土强度达到设计要求后，该模板不拆除，与现浇结构叠合后组合成共同受力构件。这种模板多用于大体积混凝土，如设备基础和人工挖孔桩的护壁等。

第七章　常用吊装、安装工具

一、斜支撑

竖向构件安装一般选用工具式可调节钢管支撑作为辅助安装工具，通过调节支撑杆长度起到预制构件临时固定、位置及垂直度控制的作用。预制墙板斜支撑结构由支撑杆与U形卡座组成。其中，支撑杆由正反调节丝杆、外套管、手把、正反螺母、高强销轴、固定螺栓组成，调节长度根据布置方案确定，然后定型加工。该支撑体系用于承受预制墙板的侧向荷载和调整预制墙板的垂直度。施工前应对斜支撑支座位置进行详细设计，并在顶板和预制墙体相应位置预埋螺栓套筒（图7-1、图7-2）。

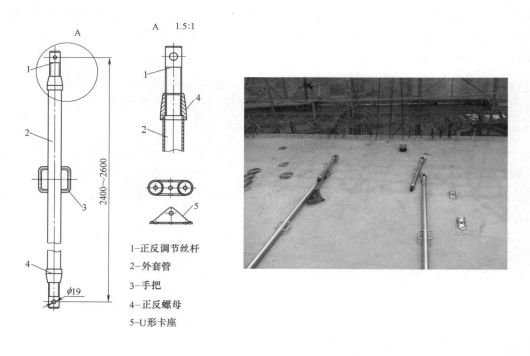

1-正反调节丝杆
2-外套管
3-手把
4-正反螺母
5-U形卡座

图 7-1　斜支撑构造

二、顶板支撑

预制顶板支撑通常选用独立支撑体系。该体系由龙骨（"几"字形钢包木、铝

54

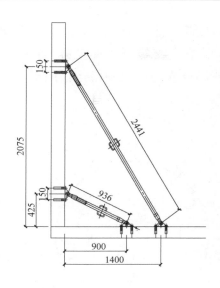

图 7-2　斜支撑使用

梁、方钢等）、龙骨托座、独立钢支柱和稳定三脚架组成（图 7-3、图 7-4）。

　　通过顶板支撑位置调整与墙体斜撑位置策划，确保顶板支撑与墙体斜撑互不影响，保证施工顺利进行。叠合板独立支撑体系需进行验算。

　　独立钢支柱主要由外套管、内插管、微调节装置、微调节螺母等组成，是一种可伸缩微调的独立钢支柱，主要用于预制构件水平结构的垂直支撑，能够承受梁板结构自重和施工荷载。内插管上每间隔一段距离留一个销孔，可插入钢销，调整支撑高度。外套管上焊有一节螺纹管，同微调螺母配合。

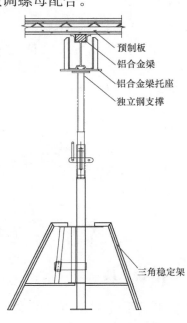

图 7-3　顶板支撑体系

图 7-4　独立支撑组合示意图

折叠三脚架用薄壁钢管焊接做成，核心部分有 1 个锁具，靠偏心原理锁紧。折叠三脚架打开后，抱住支撑杆，敲击卡棍抱紧支撑杆，使支撑杆独立、稳定。搬运时，收拢三脚架的三条腿，手提搬运或码放入箱中集中吊运（图 7-5）。

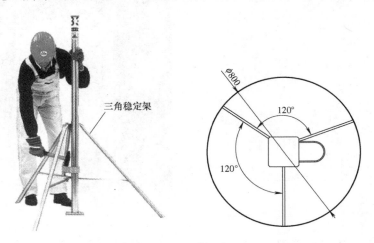

图 7-5 三角支架安装示意图

三、定位钢板

钢筋定位钢板是在叠合板混凝土浇筑前后以及预制墙体安装前对待插入预制墙体的竖向钢筋进行定位的重要措施，在施工前应根据设计图纸对不同墙体及不同安装部位的钢筋定位钢板进行设计，并进行加工制作（图 7-6）。

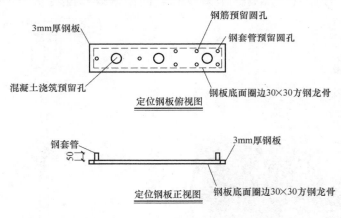

图 7-6 定位钢板示意图

四、吊装工具

吊装工具系统主要由吊装梁、钢丝绳、卡环、专用吊具组成，施工前提前进行吊装工具的设计加工（图 7-7）。

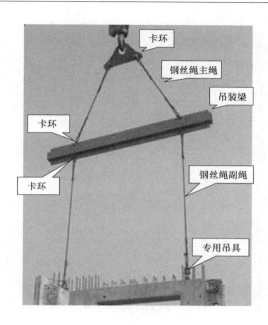

图 7-7 吊装工具系统图

1. 吊装梁

在构件厂和安装施工现场，均需要使用吊装梁进行构件起吊，防止由于钢丝绳夹角过小而造成构件承受弯矩过大，引起构件开裂损坏。吊装梁的结构形式、钢板厚度、焊缝高度等需由专业工程师设计确定，由专业焊工加工制作。起吊点位置和数量参考构件设计图纸确定（图7-8）。

图 7-8 吊装梁

2. 钢丝绳及卡环

可采用 6×19、6×37 型钢丝绳制作，其长度应根据吊物的几何尺寸、重量和所用的吊装工具、吊装方法确定。

吊绳的绳环或两端的绳套应采用编插接头，编插接头的长度不应小于钢丝绳直径的 20 倍。8 股头吊索两端的绳套可根据工作需要装上桃形环、卡环或吊钩等吊绳附件。

钢丝绳分主绳、副绳，吊点不在水平面上时（吊装楼梯、隔板等），副绳按照吊点相对位置关系确定长度，长短绳配合使用。卡环规格根据吊重选用（图7-9）。

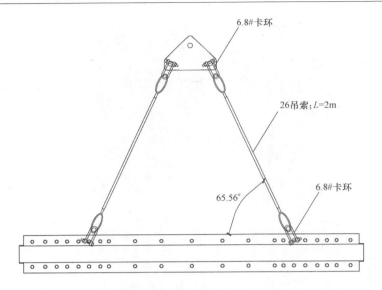

6.8#卡环

26吊索；$L=2m$

65.56°

6.8#卡环

图 7-9　吊装梁的使用

3. 专用吊具

根据预制构件的吊点设计选用不同的吊具。对于预埋吊环类吊点，通常选用卡环、吊钩作为吊具（图 7-10～图 7-12）。

预埋吊环

图 7-10　叠合板吊点

图 7-11　吊钩

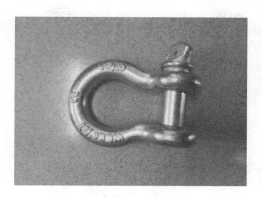

图 7-12A　卡环

对于预埋套筒式吊点，通常采用万用吊环或螺栓＋钢制吊具（钢板、吊耳等）（图 7-13～图 7-15）。

预埋套筒

图 7-13　楼梯预埋套筒

图 7-14　万用吊环

图 7-15　螺栓＋钢制吊耳

对于预埋栓钉式吊点，采用与之配套的鸭嘴套环作为吊具（图7-16）。

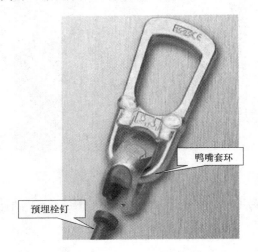

鸭嘴套环

预埋栓钉

图 7-16 预埋栓钉及鸭嘴套环

五、其他工器具

钢板垫块、临时固定卡具、千斤顶、扳手、铲刀、角磨机、镜子、水准仪、经纬仪、靠尺、钢尺等。

参 考 文 献

［1］ 装配式剪力墙结构深化设计、构件制作与安装技术指南. 北京：中国建筑工业出版社，2016.

［2］ 装配式混凝土结构设计与工艺深化设计从入门到精通. 北京：中国建筑工业出版社，2016.

［3］ 全国民用建筑工程设计技术措施建筑产业现代化专篇（装配式混凝土剪力墙结构施工）. 北京：中国计划出版社，2017

［4］ 装配整体式混凝土结构工程施工. 北京：中国建筑工业出版社，2015.

［5］ 装配式混凝土住宅工程施工手册. 北京：中国建筑工业出版社，2015.

［6］ 装配式建筑系列标准应用实施指南装配式混凝土结构建筑. 北京：中国计划出版社，2016.

［7］ 北京市住房和城乡建设委员会关于加强装配式混凝土结构产业化住宅工程质量管理的通知　京建法［2014］16号.

［8］ 混凝土结构工程施工质量验收规范 GB 50204—2015.

［9］ 混凝土结构工程施工规范 GB 50666—2001.

［10］ 钢筋连接用套筒灌浆料 JGT 408—2013.

［11］ 钢筋连接用灌浆套筒 JGT 398—2012.

［12］ 钢筋套筒灌浆连接应用技术规程 JGJ 355—2015.

［13］ 硅酮建筑密封胶 GB/T 14683—2003.

［14］ 柔性泡沫橡塑绝热制品 GB/T 17794—2008.

［15］ 装配式混凝土结构技术规程 JGJ 1—2014.

［16］ 装配式混凝土建筑技术标准 GB/T 51231—2016.

［17］ 装配式混凝土结构工程施工与质量验收规程 DB11/T 1030—2013.

［18］ 预制混凝土构件质量检验标准 DB11/T 968—2013.

［19］ JM 钢筋套筒灌浆连接作业指导书. 北京思达建茂科技发展有限公司.